US Guided Missiles

The definitive reference guide

美国导弹大全

〔美〕比尔·耶纳（Bill Yenne） 著

张 琳 张东洋 汪文峰 译

中国市场出版社
China Market Press

图书在版编目（CIP）数据

美国导弹大全/（美）耶纳（Yenne, B.）著；张琳，张东洋，汪文峰译. —北京：中国市场出版社，2014.7

书名原文：US guided missiles: the definitive reference guide

ISBN 978-7-5092-1249-3

Ⅰ.①美… Ⅱ.①耶…②张…③张…④汪… Ⅲ.①导弹—介绍—美国 Ⅳ.①E927

中国版本图书馆CIP数据核字（2014）第091898号

著作权合同登记号：图字01-2014-2779

出版发行	中国市场出版社		
社　　址	北京月坛北小街2号院3号楼	邮政编码	100837
出版发行	编 辑 部（010）68034190	读者服务部（010）68022950	
	发 行 部（010）68021338　68020340　68053489		
	68024335　68033577　68033539		
	总 编 室（010）68020336		
	盗版举报（010）68020336		
邮　　箱	1252625925@qq.com		
经　　销	新华书店		
印　　刷	北京九歌天成彩色印刷有限公司		
规　　格	170毫米×230毫米　16开本	版　　次	2014年7月第1版
印　　张	14	印　　次	2014年7月第1次印刷
字　　数	240千字	定　　价	66.00元

前言

本译著是一部全面介绍美国导弹系统的工具书。具体内容包括地–地常规导弹、地–地核导弹、地–空导弹、舰空导弹、巡航导弹、潜射导弹、反导导弹和靶机八个部分，共收录了美国数百种型号导弹装备，其中包括那些可能已被我们遗忘、未生产列装的过渡型号和当时由于保密而未公开的型号；内容按照概述、制造商和用户、发展历程、系统组成、作战过程、发展与改进、战术技术性能、采购和贸易情况等方面分别对所收录的型号做了详细描述。对那些生产数量多、服役时间长、家喻户晓的型号，特别说明了装备研制需求、作战使用中遇到的问题、针对这些问题所作的技术突破和革新，并从采购和贸易情况证明其效益，更加突出时代背景，体现冷战时期战略思维、美俄军事力量的特殊平衡；另外，对一些过渡型号未装备部队的原因进行了分析，凸显导弹研制的发展轨迹，系统地阐述了以作战任务为牵引，促使装备发展的思路，使我们能够更加清楚地掌握其发展脉络，理清主线，更好地理解美军战略和战术导弹的发展。

本书着眼美军导弹装备发展轨迹，跟踪军事技术，瞄准军事理念前沿，首次全面分析介绍美军导弹装备，研究其形成背景，分析其作战应用及遇到的挑战，并沿着其技术革新思路和作战任务牵引，了解其改进的动因和历程，详细介绍其改进的全系列全家族情况，使我们更加清楚、全面地掌握美军导弹装备和战略发展。它既是一部有关美国导弹装备和美军战略的发展史，也是一部非常有吸引力和值得收藏的书，对我国装备发展具有非常重要的借鉴意义，也可作为工业部门、部队机关及高校相关领域研究人员的重要参考资料。

编辑说明

本书是一部大型的专业工具书籍。它以图文并茂的形式对美国数百种型号的导弹装备，以翔实的内容、大量的数据和精美的图片，对导弹的发展概况、设计特点和技术规格进行了全面的介绍。

本书原著于2012年出版，内容崭新全面、信息量丰富、图文并茂。作者Bill Yenne是美国著名军事作家，长期从事美军装备历史研究，著作等身。孙安全、王君、雷荣强、王景辰、张俊和王天一等研究生参加了本书的编译，李小兵、吴晓燕、季军亮、唐晓兵、牛天林、冯刚、谢一静、杨新宇和郭张龙等在本书编译过程中提供了大量帮助，表示感谢。

随着航空航天技术的发展以及导弹装备在近几次局部战争中的成功应用，世界各国尤其是军事大国都在加大人力财力等资源投入，加速新型导弹的研制和应用，许多正在实施的导弹计划和目前已投入使用的型号均处在动态的发展和改进改型之中。在本书的编译过程中，我们力求内容新颖，资料可靠翔实，但由于时间仓促，仍不免因资料不足或编译水平所限而出现疏漏或错误之处，敬请读者批评指正。

编译组

2013年12月

《美国导弹》编译组

组　长：张　琳

副组长：张东洋　汪文峰

成　员：唐晓兵　孙安全　王　君　舒　涛　李小兵　吴晓燕　冯　刚　简金蕾　白　云　白志中　孔令磊　李　刚　杨新宇　季军亮　郭张龙　李宝全　牛天林　谢一静　任宏滨　李彦彬　韦道知　雷荣强　王景辰　王天一

目录

引言

到目前为止，还没有一本军事文献可以全面、翔实、连贯地介绍美国导弹武器系统，而本书的目的旨在填补这一空白。

20世纪60年代，劳埃德·琼斯在其著作中对“B”系列轰炸机进行了逐个介绍。与此同时，杰伊·米勒也在其《X-飞机》一书中对美国试验飞机进行了细致的叙述。本书主要是对“M”系列的导弹和飞行器进行详尽描述。

“导弹”在武器家族中的数量和类型很多。它的定义为：导弹是指可以从空中、地面、海上或水下发射，并打击空中、地面、海上或水下的目标；除了打击功能，还可用于侦察；导弹可以垂直发射，固定弹道飞行，或依靠弹翼在空中自主飞行，并像炮弹一样打击目标；其射程从几百米到能覆盖全球范围内的大部分目标。

第二次世界大战

非制导火箭弹在战场上的使用可以追

下图：弗朗西斯·E.沃伦空军基地的正门展示着3枚洲际弹道导弹，从近往远依次是：LGM-118A“和平卫士”、LGM-30G“民兵”III和LGM-30F“民兵”II。

左图：第157战斗机中队的一架F-16“战隼”，它装载有AGM-88高速反辐射导弹、AIM-9“响尾蛇”和AIM-120 先进中程空-空导弹。

下图：在美国空军国家博物馆展出的4枚导弹，从左往右依次是克莱斯勒的SM-78/PGM-19A“木星”中程弹道导弹、道格拉斯的SM-75/PGM-17A“雷神”弹道导弹、马丁·玛丽埃塔的SM-68B/LGM-25C“大力神”II和SM-68A/HGM-25A“大力神”I洲际弹道导弹。

溯到13世纪，当时的中国已经有在战争中使用火箭的记录。在第二次世界大战期间，非制导火箭弹被装在歼击机上或者由地面发射用于攻击地面目标，后来被广泛使用的苏联“喀秋莎”火箭弹就属于这种类型，目前特别在中东冲突中仍然在使用。

非制导火箭弹经历漫长的发展之后，弹道学的工程师们在第二次世界大战期间解决了导引和制导的问题，并研发出了制导导弹，这种导弹所拥有的性能足以使最好的火箭弹黯然失色。

在各国竞相发展导弹的第二次世界大战期间，德国走在了前列，这主要得益于他们的导弹负责人沃纳·冯·布劳恩是位有远见的工程师。他的标志性武器是A4导弹，该导弹是美国和苏联在战后所研制中程弹道导弹的雏形，被阿道夫·希特勒称为“复仇者”2，或称为V-2导弹。V-2导弹于1944年9月开始部署，是当时世界上最先进的弹道导弹，它对美国和苏联大型导弹发展方向的影响长达数十年。

除了V-2导弹，德国还有一款巡航导弹为人们所熟知，那就是“菲泽勒”Fi.103，希特勒为其命名为V-1。它是一种外形酷似飞机的远程有翼导弹，采用流线型的外形和脉冲喷射引擎等新兴技术。

美国导弹起源

早在第二次世界大战结束之前，许多V-1和V-2导弹就被盟军缴获，它们中的

1950年7月首次试射的WAC“缓冲器”导弹采取两级火箭的方式，它兼顾了德国V-2导弹和WAC“下士”火箭的优点，这使得其飞行高度能够达到创纪录的近250英里。

一部分后来被用于导弹进一步研发的基础。在之后的行动中美国陆军抢先获得了沃纳·冯·布劳恩和其团队的大部分成员，就连沃纳·冯·布劳恩本人也急于被美军“俘虏”，因为他认为美国是世界上最有可能让他实现太空旅行梦想的地方。事实没有让他失望，德国科学家们所在的亚拉巴马州“红石”兵工厂，成为战后初期弹道导弹的研发中心。在20世纪60年代，冯·布劳恩和他的团队使美国成功地将人类送到了月球表面。

1946年4月在新墨西哥州的白沙导弹试验基地，美国陆军进行了V-2导弹的首次发射试验；1947年10月，苏联也在斯大林格勒附近的卡普斯京亚尔对缴获的V-2导弹进行了首次试射。1948年5月，美国第一次成功试验了“缓冲器WAC”，这是一种两级火箭，它采用WAC“下士”探空火箭以便将V-2送到更高的高度。1949年2月24日，一枚“缓冲器WAC”导弹飞行高度达到250英里的高空，这是当时人类制造的物体所能达到的最大高度，也是首次使导弹在这样的高度飞行。

在还不清楚德国V-1导弹详细情况之前，美国就开始了巡航导弹的研制，诺斯罗普JB-1就源自于1943年年末美国空军高度机密的项目MX-543。它由诺斯罗普公司总裁约翰·克努森提出，通用电气B-1涡轮喷气发动机为喷气推进飞行器提供动力。

该导弹在交付的时候被美国空军编号为JB-1（第一个喷气推进式炸弹），第一代JB-1是用于空气动力滑翔试验的无动力飞行器，有动力的JB-1A随后也研制成功。此外，诺斯罗普公司还给其部分生产线上的JB-1安装了脉冲喷射发动机，并编号为JB-10。1945年4月开始试验的JB-10射程可达200英里，巡航速度为400英里/小时。

美国空军将其第二代“喷气推进式炸弹”称为“共和”JB-2，随后又给了它“潜鸟”的称号，并交由威利斯-奥弗兰（以生产“吉普”车而著名）汽车制造公司生产。与JB-1不同的是，JB-2不是美国原产，它是对V-1通过反向工程进行复制的。

美国海军对“潜鸟”进行了进一步的研究，并将其改进型编号为KGW-1（威利斯第一代对地攻击导弹）。与此同时，海军也在研究由舰艇、航母护卫舰甚至PB4Y巡逻轰炸机发射的“潜鸟”改进型。1947年2月，第一枚KGW-1（现在改称LTV-N-2，意为海军第二次发射飞行试验）导弹由美国海军一艘浮在水面的潜艇发射。

第二次世界大战期间，拥有Hs.293和Bv.143的德国在空地导弹方面处于领先地位，反观美国方面则鲜有成就，它最有名的是麦克唐纳“石像怪”反舰导弹，这种装有小型火箭发动机的导弹于1944年3月首次试飞。

麦克唐纳公司在发展“石像怪”作为攻击性武器的同时还在生产一种装有脉冲喷气发动机的靶机“蝈蝈”。该项目是美国海军在1942年发起的，目的在于设计TD2D-1靶机（与道格拉斯II型同一个系列）。“蝈蝈”于1946年编号为KDH-1（意为：导弹、靶机、麦克唐纳公司、第一个）。

“翠鸟”系列反舰导弹是“石像怪”和“蝈蝈”的直系后裔，由美国海军军械局开发，包括麦克唐纳和仙童公司等在内的生产商制造。“翠鸟”导弹拥有和“蝈蝈”一样独特的“V”形尾巴，这使得它们在外观上非常相似。“蝈蝈”和“翠鸟”都是由喷气发动机提供动力，而“石像怪”则是由火箭推进，但是“翠鸟”和“石像怪”一样都装有1000磅的弹头。

早在1967年麦克唐纳与道格拉斯飞机公司合并之前的第二次世界大战期间，道格拉斯飞机公司就开始生产导弹了。1940年，在秘密工程MX-601中，该公司生产了雷达制导的ROC I导弹，这种导弹根据阿拉伯神话中的一种大鸟名字来命名，编号为VB-9，并作为垂直发射武器而装备于美国空军。

相对于VB-9导弹，1943年开始生产

上图：在1951年的试验中，一艘“鳕鱼”潜艇正在发射KGW-1“潜鸟”潜射导弹（由德国的V-1改进而来）。

上图：“石像怪”是美国生产的用于对付德国亨舍尔Hs.293和传奇的弗里茨X武器而设计的，因为德国的这两款武器曾在1943年击沉了英国巡洋舰HMS“斯巴达”和其他一些舰艇。

下图：“蝈蝈”脉冲喷气动力导弹，它与同是麦克唐纳公司生产的“石像怪”外形非常相似。

的VB-10体型较小，且采用电视制导系统，这是电视制导技术第一次成功应用于导弹武器系统。

上图：在麦克唐纳公司位于圣路易斯的工厂，一枚XAUM-6“翠鸟”导弹安装在道格拉斯JD-1飞机的机翼挂架上。JD-1飞机是美国陆军航空队把A-26“侵略者”改装后用于美国海军试验导弹和无人机的装备。

迈向弹道导弹

在战术导弹初具雏形的时候，美国军方已经在对德国的V-2导弹进行升级，致力于开发一种新型战略弹道导弹。美国陆军和新成立的美国空军（1947年以后开始作为独立军种）均参与了对V-2导弹的升级研究。

陆军通过组合WAC“下士”和V-2导弹实现了第一阶段的任务——第一次亚轨道飞行，并由此研发出了“木星”和“红石”弹道导弹。

1946年，美国空军通过MX-774计划，委托康维尔飞机公司生产V-2导弹的改进型号，其射程预计可达到5000英里，是德国V-2导弹的10倍。虽然此次改进的重点是射程，但是作为试验导弹，它被编号为RTVA-2，名称为Hiroc，意为“高空火箭”。该计划于1947年7月被取消，但是康维尔公司选择继续该计划的研究，并在一年后的1948年7月获得首次试验成功。

左图：一名技术员正在检查道格拉斯VB-10 ROC II导弹独特的尾翼，当超级秘密工程MX-601在1943年结束之前，1940年该计划就生产出了ROC II导弹，作为这种电视制导武器的补充，不久后出现了采用红外制导的VB-11 ROC III和可见光制导的VB-13 ROC IV导弹。

首次试验成功之后，Hiroc在随后的多次试验中均以失败告终，但是康维尔公司却从中积累了丰富的经验，而且应用到之后的MX－1593计划和X－11、X－12导弹（这两种导弹按照“X－飞机”进行编号）试验，并最终促使康维尔公司成功研制出世界上第一枚洲际弹道导弹（ICBM）B－65“大力神”。

值得一提的是，在20世纪50年代进行的X－飞机实验，实际上是对导弹按比例缩小进行参数评估和硬件设计的，如X－7对应于AQM－60“翠鸟”导弹，X－9对应于B－63“恶棍”，X－10对应于B－64“纳瓦霍”。

弹道导弹的分类

冷战期间，美国国防部根据射程不同将能够携带核武器的弹道导弹进行了分类。这些定义随后被应用于各种武器控制条约中。最终洲际弹道导弹（ICBM）的射程被确定在可以将携带的核弹头从美国发射到苏联，并且有3500英里（5500千米）的浮动范围。

接下来是中程弹道导弹（IRBM），它的射程为1900～3500英里（3000～5500千米）并有620英里（1000千米）的浮动范围；射程低于1000千米的为短程弹道导弹（SRBM）；此外，还有一些导弹射程介于中程弹道导弹和短程弹道导弹之间，

上图：起源于1946年的伏尔特联合飞机公司的MX-744（后来是RTV-A-2）高空火箭项目是美国第一个洲际弹道导弹计划。从其整个外形和布局来看都是沿用德国的V-2导弹，该计划最后生产出了“大力神”导弹。

现在，短程洲际弹道导弹也称为战区弹道导弹。

导弹编号系统的历史

为了更好地理解导弹的分类和导弹编号，本书收录了美军自第二次世界大战以来所有按“M导弹”系列编号的导弹。

编号中的字母“M”在1963年被美国

国防部用于表示各种不同类型的航空航天飞行器。自1947年美国空军创建时就开始服役的大多数导弹和随后研发出的导弹系列也被编入该系统内。

1961年，国防部将美国海军、陆军和空军关于固定翼飞机和直升机编号系统进行了合并，这主要是为了与空军任务设计序列（MDS）相衔接，在该系统中，B代表“轰炸机”、F代表“歼击机”、C代表“运输机”，不过对于仍服役于美国空军的B-52轰炸机和F-105歼击机等仍保留它们的编号，美国海军的现役飞机也同样保留其旧有编号。

为了相关部门便于掌握编号系统“MDS”的官方细节，国防部出版了4120号图书《军用航空航天编号模型》，并每隔3～5年对书中的内容进行更新。该书中包含了目前所有航空航天系统的编号及其解释。

1962年的飞机预编号系统和1963的导弹预编号系统保留了不同军种对飞行器编号的特点。其实在第二次世界大战期间，美国海军和空军都有其独立的导弹编号系统，就像他们首次买入飞机时由于用途不同而命名不同。

在第二次世界大战开始时，美国空军在其制导炸弹中，使用前缀“JB”表示“喷气推进式导弹”、“BQ”表示用作炸弹的动力飞行无人机。在第二次世界大战期间，美国海军用“LB”表示“有翼导弹”，在1946年采用前缀“KA”表示“反飞机”，“KG”表示“对地攻击”，“KS”表示“反舰导弹”。在上述编号系统中的字母“K”代表“导弹”或“无人机”。在表示飞机的时候，还会将其制造商添加在编号的结尾处。以麦克唐纳公司的LBD-1反舰导弹为例，它的编号是KSD-1（“D”代表“麦克唐纳”）。

美国国防部曾在1947年创建了一个新的编号系统，这个系统将美国空军的现役导弹分为三类。在1951-1963年这短暂的12年间，该系统被用于在联合编号系统中对导弹进行编号。

海陆空军对导弹研发权的竞争

不同军种对武器的竞争及其对武器功能的定义对于决定发展何种武器系统起着至关重要的作用。在第二次世界大战结束之后，美国各军种都试图在国防部规定的范围内设置自己的内部规范。这些规范，尤其是飞机和导弹系统的规范存在很大的重叠部分。

美国空军作为美国的空中力量，他们正在发展远程制空权理论，该理论旨在将美国武装力量快速部署于世界各个角落，而这项工作以往是由美国海军承担的。

美国海军对此不以为然，并多次同美国空军就这方面发生争吵，最终酿成1949年的“海军上将起义”事件。这件事情激怒了时任美国国防部长路易斯·约翰逊，他取消了海军的“美国”级超级航空母舰计划，并给予空军购买B-36轰炸机的授权。

海军在此次事件之后加快了对远程舰载轰炸机等飞机的购买，这样不仅在字面上而且在概念上均有和空军竞争的能力。在导弹方面，海军和空军都在研发远程巡航导弹作为战略打击导弹，这其中包括海军的“雷古拉斯”和空军的“蛇鲨”导弹。

美国陆军在将其关于飞机的研发项目交给空军的同时也保留了大量的弹道导弹研发项目。他们对此的观点是：地-地导弹是火炮在射程方面的延伸，不过空军认为远程导弹是轰炸机的延伸；在地-空导弹方面，陆军认为它是高射炮的延伸，而空军却认为它属于拦截导弹。

美国陆军对于大型远程导弹的研制持续到1956年，因为在这一年时任国防部部长的查尔斯·威尔逊将200英里以上射程导弹的研发权交给了美国空军。当时，陆军和空军分别正在发展“木星”和“雷神”中程弹道导弹，这两种导弹的射程将超过1500英里，根据威尔逊的命令，“木星”在随后转由空军研发。

海陆空军对导弹编号的竞争

1951年，美国陆军和空军放弃了他们以前所采用的编号系统，开始使用联合编号系统，而海军在1963年更换为现在的编号系统以前，仍然使用其1947年的编号系统。

1951年，空军在非正式文件中没有命名新的编号（见附录2）。现在回想起来，可能是预见到新的编号系统将把导弹归入到轰炸机和战斗机的类别中。在该编号系统中，SAM-A-1“斗牛士”变为B-61“轰炸机”，SAM-A-3“蛇鲨”变为B-62“轰炸机”，“波马克”拦截导弹变为F-99“战斗机”。

仅仅4年之后，新的编号系统就取代了1951年的编号系统。在1955年的编号系统中，战术导弹变为加前缀“TM”，而战略导弹的前缀是“SM”。在该编号系统下B-61“斗牛士”成为TM-61“战术导弹”，B-62“蛇鲨”成为SM-62“战略导弹”，F-99“波马克”成为IM-99“拦截导弹”。

在1955年开始使用的新编号系统中，“GAM”代表“空射制导导弹”、“GAR”代表“空射制导火箭弹”。

美国陆军在1955—1963年间使用的编号系统曾长时间用于编号其他设备，如在数字前面加一个军械指示符“M”，它代表的就不是“导弹”而是“模型”，就像给步枪、坦克和装甲车等其他武器命名一样。在该系统中，陆军的SAM-G-7“奈基-阿基克斯”成为M1导弹，SAM-G-14“红石”则成为M8导弹，等等（见附录3）。

美国陆军还用该系统对非制导火箭弹进行了编号，如在附录中“诚实的约翰”被编号为M31。

在1963年，海陆空三军开始使用同一种导弹编号系统，在该系统中，非制导火箭弹被拆分出来，并用“R”表示（见附录2）。对于“诚实的约翰”火箭弹的编号也从M31改变为MGR-1。

不断变化的编号系统

1963年的统一导弹编号系统结束了以前海陆空军使用其独立编号系统所带来的混乱，不过该系统中的一些概念仍在不断地变化中，其中最重要的一次修改发生在1997年。从1963年开始至今的无人机均被列入“M”导弹系列，因为当时大多数现役的无人机被当作靶机使用。相对于“炮弹”，“导弹”的定义更为广泛，也更适合它。比如说，1963年正在服役编号前缀为“M”的10种无人机MQM-33至MQM-42，之后34年中无人机也沿用了这种编号。

早在1942年，美国空军就开始使用“OQ”表示用于靶机的“无人驾驶无线电控制模型”，第二次世界大战后，美国空军将无人机的编号简化为“Q”。

在1963—1997年间，“Q”被降级为第二级的名称符号，和其他字母组成类似BQM、MQM的名称前缀。例如BQM-34“火蜂”和BQM-155“猎人”，其编号中“M”代表它们为导弹系列，“Q”代表它们属于无人机，“B”表示它们可以从多个平台发射。

随着无人机功能的不断凸显，美国国防部在1997年将其从导弹的编号中独立出来，并用“Q”作为其第一级名称符号。

根据1997年新的“Q”无人机系列编号，“猎人”被重新编号为RQ-5。其中“Q”作为第一级名称符号代表“无人机”，“R”表示该无人机的基本任务是侦察。

虽然在1997年后，无人机被编入“Q”无人机系列，然而这仅仅适用于侦察和多任务无人机。新的无人机靶机，如1997年后的GQM-163和BQM-167仍被归为“M”导弹系列。

本书所要介绍的导弹

本书按照“M”导弹系列的编号依次介绍了美军的各种导弹，尽管现在的编号系统开始于1963年，但本书添加了第二次世界大战至1963年间美军所有重要的导弹。

本书所涵盖的导弹范围相当广泛，包括巡航导弹、空中拦截导弹、洲际弹道导弹，以及装有活塞式发动机的无人机。在本书介绍的导弹系列中，有的型号可能被人们长期遗忘，有的从未投入生产，还有的已生产成千上万枚并早已家喻户晓。

本书包含了各种大小、形状、性能和种类的导弹，这为横向研究美国导弹武器技术提供了可能，并对其不断变化的战略、战术研究有重要作用。

认识导弹编号中前三个字母的含义

1963年的编号系统对于几乎所有装备部队的导弹（和一些没有装备部队的导弹）编号的数字之前都有三个字母。有时，在这三个字母之前还有一个“X”或“Y”，对于飞机来说，它代表该飞机用于“试验”或处于“测试阶段”。冷战时期，在试验导弹真正投入生产之前的早期概念设计阶段，在其编号中偶尔可以看到字母“Z”。

在这三个字母中，第三个字母始终是“M”，表示导弹，1997年以前的无人机编号也是如此。另外两个字母的含义如下所示：

第一个字母：发射或部署环境

A：空射

B：多重发射环境

C：箱式存储

F：单兵发射

G：跑道（地面）发射

H：筒箱存储

L：筒箱存储和发射

M：移动式地面发射

P：地面软平台发射

R：水面舰艇发射

U：水下发射

中间字母：导弹类型

D：诱饵

E：电子

G：对地攻击

I：拦截弹

Q：靶机（1997年后为无人机）

T：训练弹*

U：水下攻击

* 在对某种导弹的训练弹进行编号时，仅仅是将其中间的字母改为“T”，其他的字母和其后的数字保持不变。例如，AGM-88A的训练弹编号为ATM-88A。

注：1963年以前导弹编号的详细信息可参考附录。

导弹：从MGM-1到MQM-175

MGM-1“斗牛士”

“斗牛士”导弹是编入“M”导弹系列的第一种导弹。该导弹类似德国的V-1导弹，是美国空军第二次世界大战后在MX-771项目中研制的有翼地-地巡航导弹，也是美国空军第一次在第二代导弹技术方面超过德国的V-1。

“斗牛士”导弹最初的编号为XSSM-A-1，它在1949年1月20日于白沙导弹靶场进行了首次飞行测试。美军在第二次世界大战之后便准备削减“斗牛士”导弹武器的军事预算，但是随后的朝鲜战争使得此次预算削减并没有实施，不过直到朝鲜战争结束，“斗牛士”导弹依然没有装备部队。

1951年，美国空军将地-地导弹编入轰炸机系列，用于试验的“斗牛士”编号变为XB-61，用于测试的“斗牛士”名称为YB-61，1953年秋天在佛罗里达州埃格林空军基地生产的“斗牛士”导弹则被编为B-61A。

1954年，第一批B-61A导弹部署于西德比特堡和哈恩空军基地的第38战术导弹联队的第一和第二无人轰炸机小队。它们被部署在可移动的发射装置上，这样导

20世纪50年代初，空军机组人员正在进行MGM-1（QYB-61）“斗牛士”导弹发射前的准备工作。

上图：1952年，一枚马丁公司生产的B-61“斗牛士”导弹正在发射升空，据推测该照片出自空军随军文书（可能不准确）。

左图：1953年马丁公司的QYB-61（后来的MGM-1）“斗牛士”导弹进行试射。

下图：1954年，马丁公司处于展开状态的MGM-1（当时的B-61A）“斗牛士”导弹及其发射装置和保障车辆。

弹阵地就不易被发现。

为了对付苏联的入侵，冷战时期的“斗牛士”用核弹头作为其主要战斗部，此外“斗牛士”也可以携带1吨重的高爆炸药。除美军外，“斗牛士”导弹还被部署到中国台湾军队、韩国军队和联邦德国国防军。

“斗牛士”导弹在1955年被列入战术导弹系列，其编号为TM-61A，当时，马丁公司还研制出了其改进版本TM-61B，TM-61B后来演变成TM-67（MGM-16）“权杖”导弹。此外，马丁公司研制的TM-61C“斗牛士”也于1957年开始装备部队。

美国空军共装备了大约1200枚“斗牛士A”型导弹，这些导弹直到1962年才退役。

制造商：格伦·L.马丁公司
长度：39英尺7英寸（12.1米）（带助推器）
直径：4英尺6英寸（1.2米）
翼展：27英尺10英寸（8.5米）
重量：12000磅（5400千克）
射程：620英里（1000千米）
速度：0.9马赫
实用升限：35000英尺（10500米）
制导系统：雷达导引，无线电控制
推进系统：埃里森J33型涡轮喷气发动机，喷气式固体燃料火箭助推器
战斗部：核战斗部
首次测试时间：1949年
首次部署时间：1954年（型号名称为MGM-1C）

RIM-2“小猎犬”

通过对第二次世界大战期间抵御日本“神风敢死队”的经验总结，美国海军认为他们需要一种快速舰射防空导弹，该导弹将在歼击机和高射炮之间再构造一层拦截网。根据战后的“大黄蜂”项目，美国海军对许多面空（SAM）导弹系统进行了研究，拥有雷达制导的“小猎犬”最早装备部署到部队。最初“小猎犬”的编号为SAM-N-7，它的早期改进型还根据是否依靠尾翼或侧翼进行指令制导而添加后缀“BT”或“BW”。

下图：20世纪50年代中期，RIM-2“小猎犬”防空导弹在美国一艘海军导弹巡洋舰的Mk.10双臂发射架上。

1979年6月，一枚RIM-2“小猎犬”舰空导弹由“法拉格特”号导弹驱逐舰发射升空。

1951年，“小猎犬”由经过改装的“密西西比”号驱逐舰进行了首次发射试验，随后经过长时间的评估，在1956年开始装备到“波士顿”和“堪培拉”号巡洋舰上。“小猎犬”采用双臂发射装置，当时的巡洋舰通常配备40个发射装置，因此最多可携带80～120枚“小猎犬”。

1963年，采用侧翼控制的“小猎犬”导弹编号为RIM-2A和RIM-2B，尾翼控制的“小猎犬”则被编号为RIM-2C和RIM-2D。大部分“小猎犬”导弹装有常规高爆弹头，而RIM-2D则装有核弹头。早期的“小猎犬”导弹都采用指令制导，后来的RIM-2E和RIM-2F具有半主动雷达制导的能力。RIM-2F装有经过改进的发动机，使其射程相对RIM-2B增加十几千米到50千米，速度从1.8马赫提升到3马赫，实用升限也从40000英尺提升到至80000英尺。

在1966年“小猎犬”停产以前，共生产了大约8000枚。尽管美国海军很早就装备了“小猎犬”的继任导弹RIM-8“黄铜骑士”，但是“小猎犬”这种型号一直服役到20世纪80年代。

制造商：通用动力公司康维尔分公司
长度：27英尺1英寸（8.25米）
直径：13.5英寸（0.34米）
翼展（尾翼）：40.3英寸（1.03米）
重量（无助推器）：1060磅（480千克）
射程：11.5英里（18.6千米）
速度：1.8马赫
实用升限：40000英尺（12200米）
制导系统：驾束飞行
推进系统：固体燃料火箭
战斗部：218磅（100千克）爆炸破片
首次测试时间：1951年
首次部署时间：1956年（型号名称为RIM-2B）

MIM-3“奈基·阿基克斯”

美国陆军在1944年开始考虑用导弹作为防空武器，因为喷气式飞机目标所具有的飞行速度和高度超出了传统高射炮的拦截能力。

第二次世界大战结束后，随着美国空军成为一个独立的军种，防空导弹的发展也朝着两个方向进行。陆军要求“奈基”项目研制出具有防空火炮能力的防空导弹，而空军的“桑普”项目旨在研究一种改进的拦截飞机，MIM-10“波马克”就是在该项目任务下研制成功的。

陆军“奈基”项目制导和跟踪部分的研究由贝尔实验室完成，技术开发方面由贝尔电话公司完成，雷达和计算机设备则交给了贝尔的附属公司西电，该导弹的生产由道格拉斯飞机公司承包给西电公司。武器系统的雷达有目标捕获、目标跟踪和导弹跟踪的功能，并装有两级火箭以扩大其射程。

下图：新墨西哥州的白沙导弹靶场，一枚MIM-3“奈基·阿基克斯”导弹正在准备发射。

“小猎犬”是美国海军第一种防空导弹，而“奈基”则是美国陆军的第一种防空导弹，不过后者是车载式发射，为有效保护美国城市免受苏联轰炸机的攻击，奈基·阿基克斯就是专门完成这一使命的。

在1946年进行首次测试的XSAM-G-7“奈基”导弹装有8个小型火箭发动机，不过这些小型火箭发动机最后被一个大型固体火箭助推器和一个液体燃料火箭所取代。“奈基”导弹在1951年11月进行了第一次试射，当时它成功击落了一架QB-17“空中堡垒”无人机。

“奈基·阿基克斯”的编号是M1，它最初被简称为“奈基”，在1956年开始称“奈基·阿基克斯”，这主要是为了区别它的继任者“奈基·大力神”。1953年12月，“奈基·阿基克斯”首次部署到马里兰米德城堡的几个发射阵地。从这里开始，美国在近250个固定的发射阵地部署了大约1000枚导弹，这些阵地的部署都是围绕美国人口中心以及重要军事基地的防卫区域。后来的几年中，美国军队逐步淘汰了所有最初用来保护美国境内固定场所的反飞机火箭炮。

每一个阵地有几英亩的范围，这些“奈基”导弹阵地包括一个整体的发射控制中心和几个导弹供电设备。发射装置可右图：在旧金山湾天使岛上的MIM-3“奈基·阿基克斯”导弹。

以携带多达3枚导弹，这些导弹在升起后可以在特定的时间间隔连射或者同一时间齐射，而怎样发射则取决于导弹所处的阵地或位置。这些发射阵地一直有人控制着，出现警报时在15分钟内至少可以使一个发射装置点火。有效载荷包含3个弹头总计300磅的高爆炸药，这些载荷安装在导弹内部不同的地方，当导弹向目标飞机飞去时被远程引爆。

同时，西电公司和道格拉斯公司已经合作研发了第二代“奈基”，它最初被称为“奈基”B，后来编号为SAM-G-25，并以M6“奈基·大力神”的名称装备部队。在1963年，“奈基·阿基克斯”被重新编号为MIM-3，“奈基·大力神”则编号为MIM-14，其中后者在使用中表现非常好，并最终在固定发射阵地上完全替代了早期的“奈基”导弹。

制造商：西电/道格拉斯飞机公司
长度：21英尺（6.4米）；（带助推器）34英尺10英寸（10.6米）
直径：12英寸（0.3米）
翼展（尾翼）：4英尺6英寸（1.4米）
重量：2460磅（1110千克）（带助推器）
射程：30英里（48千米）
速度：2.3马赫
实用升限：70000英尺（21000米）
制导系统：地面跟踪制导雷达控制
推进系统：贝尔公司的液体燃料火箭，阿勒格尼公司的固体火箭助推器
战斗部：300磅高爆炸药
首次测试时间：1951年
首次部署时间：1953年（型号名称为MIM-3A）

在1972年10月廷德尔空军基地的装备比武中，北达科他州空军国民警卫队第119战斗机联队的士兵正在搬运一枚AIM-4C“猎鹰”空-空导弹。

AIM-4“猎鹰”

X4起源于第二次世界大战时的德国纳粹空军，它是第一种用于实战的空-空导弹。“猎鹰”导弹是美国第一款有制导能力的空-空导弹，它起源于1946年美国空军的MX-798项目，后来归属于研制超声速导弹的904项目。

该导弹在1949年以XAAM-A-2的编号进行了首次测试，并且在1951年被重新编号为XF-98无人战斗机。“猎鹰”有一款改进型由有人驾驶超音速飞机发射，即广为人知的XF-104，但它还有另外几种编号，开始时编号是XF-98A，在1955年改为GAR-1。除个别型号外，几乎所有的“猎鹰”导弹都装有不同类型的聚硫橡胶固体火箭发动机和相同的高爆弹头。

“猎鹰”导弹在1954年首次投入生产，1956年首次装备到美国空军的F-89和F-102歼击机。从GAR-1到其最终版GAR-1D，共生产了大约12000枚“猎鹰”导弹。

GAR-2的一款改进型为GAR-4，GAR-1采用的是半主动雷达制导，而于1956年装备部队且累计生产超过26000枚的GAR-2采用的则是红外制导技术。通常情况下，拦截弹都是采用这两种制导类型。1959年，GAR-1和GAR-2分别被GAR-3和GAR-4所取代，后来共生产了约3400枚GAR-3和2700枚GAR-4导弹。尽管它们是“猎鹰”的升级版本，并且使用了“猎鹰”以前的制导技术，但是为获得更大的射程采用的是双推力发动机。

1963年，空军决定用AIM-4为所有的“猎鹰”导弹编号，于是GAR-1D成为AIM-4A，GAR-2成为AIM-4B，GAR-3A和GAR-4A分别成为AIM-4F和AIM-4G。而AIM-4D（以前的GAR-2B），前后共生产了4000余枚，并在越南战争中广泛运用。由于“猎鹰”导弹主要是为远程歼击轰炸机设计的，因此它在空战中的作用不像AIM-7“麻雀”和AIM-9“响尾蛇”那么明显。

制造商：休斯飞机公司
长度：7英尺1.8英寸（2.2米）
直径：6.6英寸（0.17米）
翼展（尾翼）：24英寸（0.61米）
重量：150磅（68千克）
射程：7英里（11.3千米）
速度：4马赫
制导系统：半主动雷达制导，红外制导
推进系统：聚硫M46固体燃料火箭
战斗部：高爆炸药
首次测试时间：1949年
首次部署时间：1956年（型号名称为AIM-4F）

AIM-4D于1973年被淘汰，AIM-4F和AIM-4G“猎鹰”则继续服役并装备于F-106歼击机，直到20世纪80年代。

“猎鹰”家族的AIM-26、AIM-47和AIM-76将在本书后续章节进行介绍。

右图：1956年12月的爱德华兹空军基地，康维尔F-102的飞行员罗伯特·劳伦斯和他的朋友站在GAR-2（后来的AIM-4）“猎鹰”导弹旁。

MGM-5“下士”

在德国的V-2导弹为世人熟知后，美国陆军于1944—1945年间启动了“下士”项目，该项目是几个远程地-地导弹研究项目中的一个。与该项目同时进行的还有“赫尔墨斯”项目，这是一种设计更为复杂的导弹研制项目。受益于V-2和设计V-2的德国科学家，这两个项目在第二次世界大战之后取得了重大进展。其中A1型号（CTV-G-5）是根据德国地-空导弹“瀑布”研制出来的，之后的改进型则更多是在V-2导弹基础上研发出来的。

“下士”的一个创新产品是体型较小的“WAC下士”（后来编号为RTV-G-1）探空火箭，这个火箭于1945年9月首次发射。后来，该火箭和V-2组合在一起，并于1948—1950年作为第一个在外太空进行测试的“缓冲器WAC”人造运载工具。“下士”的原型SSM-A-17战术核导弹于1947年首次试射，其定型产品也于1952年8月首次试射。

在制导导弹M2作为训练弹装备到美国陆军两年之后，“下士”项目在加州理工学院喷气推进实验室（JPL）配合下由美国陆军研制成功，并将试验产品交由道格拉斯飞机公司生产，定型产品由火石公司生产。

1958年，包括指令数据传输问题在内的系统可靠性问题，导致“下士”IIB M2A1（1963年以后是MGM-5B）等一系列的“下士”导弹返厂。“下士”的各种改进型号共计生产超过1100枚，它装备到美国陆军，同时在英国皇家炮兵部队进行了测试。“下士”在1964年被更大的MGM-29“警长”所淘汰。

上图：一枚SSM-A-17（后来为MGM-5）“下士”导弹正在进行试射。

下图：一枚在移动发射架上的“下士”导弹。

制造商：火石轮胎和橡胶公司
高度：45英尺4英寸（13.8米）
直径：30英寸（0.76米）
翼展（尾翼）：7英尺（2.1米）
重量：11000磅（5000千克）
射程：80英里（130千米）
速度：2200英里/小时（3500千米/小时）
实用升限：25英里（40千米）
制导系统：地面雷达指令制导
推进系统：喷气推进实验室的液体燃料火箭
战斗部：W7核战斗部
首次测试时间：1945年（WAC下士），1952年（M2下士）
首次部署时间：1954年（型号名称为MGM-5B）

RGM-6“雷古拉斯”I

RGM-6“雷古拉斯”是美国海军第一款远程战略核导弹，它是一种潜射导弹，也能由潜艇浮出水面进行发射。

海军曾尝试将KUW-1“潜鸟”导弹（仿制德国的V-1导弹）用于潜艇发射，也进行过一些水下发射测试，其中包括在1951—1952年间试验的长度47英尺的SSM-N-6“格鲁曼猎户座β”超音速导弹，以及在1951—1955年间试验的长度45英尺的SSM-N-2“海神”导弹。约翰霍普金斯大学应用物理实验室（APL）的研究表明，“海神”比“猎户座”拥有更快的速度，并且有望成为海军首批可以携带核弹头的导弹之一。不过无论是“海神”还是“格鲁曼猎户座β”最后都没有装备到部队。

长度33英尺的沃特SSM-N-8“雷古拉斯”是一个装有小涡轮发动机的巡航导弹，它能够携带3000磅重的核弹头，且射程可达600英里。沃特SSM-N-8“雷古拉斯”于1951年3月进行了首次测试，并在1954年装备部队。美国海军还研发了由水面舰艇发射的“雷古拉斯”导弹，主要用到巡洋舰上，就像在潜艇上发射一样。

“雷古拉斯”导弹第一次成功的舰射测试发生在1952年11月，第一次潜射试验于1953年7月在USS“金枪鱼”号潜艇上进行。第一批舰射“雷古拉斯”导弹在1955年装备于“洛杉矶”号巡洋舰，潜射的“雷古拉斯”于次年开始部署。1960年，在为装备“雷古拉斯”而专门建造的“大比目鱼”号潜艇上，成功发射了装有核弹头的第一枚“雷古拉斯”导弹。

虽然20世纪50年代的“雷古拉斯”项目颇具创新性和前瞻性，但它很快就被同样拥有水下发射能力的“北极星”项目所替代，1964年“雷古拉斯”导弹最后一次

下图：1957年6月在菲律宾海，USS“海伦娜”巡洋舰正在试射RGM-6（SSM-N-8）导弹。

部署到“大比目鱼”上。

与亚音速的“雷古拉斯”项目同时进行的还有超音速的“雷古拉斯”II，它的编号为SSM-N-9。1963年，“雷古拉斯”的两型巡航导弹分别编号为RGM-6和RGM-15，但RGM-6项目（现在称为“雷古拉斯”I）很快就被取消了。

制造商：沃特公司
长度：33英尺4英寸（10米）
直径：56英寸（1.4米）
翼展（尾翼）：21英尺（6.4米）
重量：10300磅（4670千克）
射程：600英里（960千米）
速度：600英里/小时（960千米/小时）
实用升限：40000英尺（12200米）
制导系统：无线电地面控制指令制导
推进系统：艾利森J33涡轮发动机，喷气式固体燃料火箭助推器
战斗部：核战斗部（后来为热核战斗部）
首次测试时间：1951年
首次部署时间：1954年（型号名称为RGM-6B）

AIM-7“麻雀”和RIM-7“海麻雀”

到了21世纪，仅有极少数的“M”系列导弹继续服役。“麻雀”家族起源于1947年美国海军的空-空导弹计划。当时的设想是开发一个具有指令制导系统的高速高空火箭（HVAR），但该计划后来演变成研制一个大型武器系统。“麻雀”I在1952年进行了第一次成功拦截空中目标的试验，并于1958年以AAM-N-2的编号开始服役。它被装备到海军各种拦截装备上，直到被AAM-N-6“麻雀”III所取代。“麻雀”III及其随后所有的“麻雀”系列导弹均采用半

下图：在一张1958年的照片上，一架携带AIM-7（AAM-N-2）“麻雀”I导弹的道格拉斯F3D“空中骑士”飞机。

主动式雷达寻的制导方式。

AAM－N－6在1963年重新编号为AIM－7C，其定型产品AIM－7E共生产了大约25000枚。该导弹采用洛克达因系列发动机替代了早期的喷气式固体燃料火箭发动机，使其速度从2.5马赫提高到4马赫，射程也从约4英里扩展到近20英里。

在越南战争中，"麻雀"导弹部署于美国海军和空军的F－4"鬼怪"II飞机上，在1965年6月7日，一枚AIM－7在空战中成功击落了一架"米格－17"飞机，取得了首次空中战斗胜利。然而，该导弹在战争初期的糟糕表现迫使美军在1969年选择了机动性更强的AIM－7E－2。在越南战争中，美国空军的"鬼怪"飞机共使用"麻雀"导弹击落了50架敌机，使用AIM－9"响尾蛇"导弹击落了31架敌机。

同时，海军把"麻雀"改为舰对空的"海麻雀"导弹并编号为RIM－7，第一款装备部队的"海麻雀"是RIM－7E，它在1967年开始部署使用，其性能相当于AIM－7E。

AIM－7E半主动雷达制导导弹也以"空中闪电"的名称在英国航空公司进行生产，其产品被用来装备英国皇家空军、瑞典空军、沙特皇家空军和意大利空军。

固态和数字电子技术的发展赋予了"麻雀"系列导弹更多的功能，AIM－7F、AIM－7M和AIM－7P分别于1975年、1982年和1987年投入生产。改进的AIM－7P也相继生产出来，此外还有很多AIM－7M的升级版本。与此同时，美国海军也研发了舰载RIM－7M和RIM－7P"海麻雀"，而且这些导弹与Mk.41

上图：1982年2月，美国夏威夷空军国民警卫队第199战斗机中队的一架F-15"鹰"正在对ADM-141"诱饵"发射AIM-7"麻雀"导弹。

上图：1982年2月，机务人员正在将AIM-7"麻雀"III导弹装载到海军第235战斗机攻击中队（VMFA-235）的一架F-4"鬼怪"II 飞机上。

上图：2006年6月，一枚RIM-7M"海麻雀"导弹由美国海军两栖攻击舰"埃塞克斯"号发射升空。

上图：2001实弹射击演习中，锁定目标后一枚RIM7“海麻雀”导弹由美国军舰“巴丹”发射升空。

上图：一级发射控制员达雷尔·库克在大声指挥将装填有RIM-7“海麻雀”的Mk.29发射架安放到USS“罗纳德·里根”号巡洋舰上。

上图：在2006年7月夏威夷的希卡姆空军基地，美国空军参谋军士亚瑟和科罗纳正为一枚AIM-7“麻雀”安装侧翼和尾翼。

垂直发射系统（VLS）是兼容的。

在1991年的“沙漠风暴”行动期间，AIM-7M和AIM-7P的改进型曾将26架伊拉克飞机击落，杀伤概率高达37%，是老式“麻雀”系列导弹在越战中杀伤概率的近4倍。

20世纪90年代，美国为“麻雀”导弹研制了红外和雷达双模制导系统，但由于成本原因，美国终止了这项旨在将“麻雀”导弹升级为采用AIM-7R标准的新型导弹改进计划（MHIP）。

在21世纪初导弹产量下降的情况下，美军共生产了超过60000枚“麻雀”和9000枚“海麻雀”。后来AIM-7“麻雀”逐渐被AIM-120先进中程空-空导弹所替代，“海麻雀”也将被RIM-162改进型“海麻雀”导弹（ESSM）所取代。

制造商：雷神公司
长度：12英尺（3.66米）
直径：8英寸（0.23米）
翼展（尾翼）：40英寸（1.02米）
重量：510磅（231千克）
射程：45英里（70千米）
速度：4马赫
制导系统：半主动雷达制导
推进系统：大力神Mk.58固体燃料火箭
战斗部：高爆破片式战斗部
首次测试时间：1952年（“麻雀”I）
首次部署时间：1956年（“麻雀”I），1967年（“海麻雀”）（型号名称为AIM-7P）

RIM–8“黄铜骑士”

上图：1957年6月在白沙导弹靶场，美国海军废弃军舰上的一枚“黄铜骑士”导弹。

曾在越南战争期间击落三架“米格”战斗机的“黄铜骑士”被美国海军称为冷战时期最好用的防空导弹。像RIM-2“小猎犬”一样，“黄铜骑士”是海军用于完善其防空系统的“大黄蜂”项目下的一个产品。

“黄铜骑士”在1951年采用编号RTV-N-6进行了首次测试，1952年生产出了SAM-N-6地-空导弹原型，其升级版本于1959年开始装备部队。1963年，“黄铜骑士”被重新编号为RIM-8。

“黄铜骑士”最早部署在“加尔维斯顿”号、“小石城”号和“俄克拉荷马城”号等美国海军轻型巡洋舰上，随后又

右图：1961年左右，安装在舰艇双联装发射架上的“黄铜骑士”舰空导弹。

上图：1979年10月，“黄铜骑士”舰空导弹从“俄克拉荷马”号导弹巡洋舰上发射升空。

被部署到“奥尔巴尼”号、“芝加哥”号和“哥伦布”号等大型巡洋舰，以及“长滩”核动力巡洋舰上。与此同时，美国空军也在研发陆基“黄铜骑士”导弹，并为它保留了IM-70的编号。

RIM-8A的射程不到60英里，而RIM-8C是它的两倍。“黄铜骑士”导弹携带的常规高爆弹头，可等效为RIM-8B和RIM-8D携带核弹头的当量。

搭载先进制导系统的RIM-8G和RIM-9J导弹，分别于1966年和1968年开始服役。RGM-8H是1965年设计用于抗击陆基雷达系统的舰对地导弹，RGM-8H装备到在北部湾部署的美国海军“奥尔巴尼”号、“芝加哥”号和“长滩”号上，用以抗击北越的地面雷达装置。

1974年，美国海军开始淘汰“黄铜骑士”导弹，逐步使用发射方式更便捷的RIM-67“标准”导弹替代它们。最后一批“黄铜骑士”舰载导弹于1979年退役，到21世纪早期，现存的“黄铜骑士”被导弹改装成MQM-8G“汪达尔人”超音速靶标使用。

制造商：邦迪克斯公司
长度（有助推器）：21英尺（6.4米）
直径：28英寸（0.7米）
翼展（尾翼）：81英寸（2.06米）
重量（有助推器）：7800磅（3530千克）
射程：115英里（185千米）
速度：2.5马赫
实用升限：80000英尺（24400米）
制导系统：半主动雷达制导
推进系统：邦迪克斯冲压发动机，固体燃料火箭助推器
战斗部：300磅高爆炸药或W30核弹头
首次测试时间：1951年
首先部署时间：1959年（型号名称为RIM-8G）

上图：1957年，装备AIM-9B“响尾蛇”的F-104星式战斗机，正在飞越旧金山湾。

AIM-9“响尾蛇”

“响尾蛇”是一种生产和应用最广泛的美国导弹，已经有半个世纪的服役记录，生产数量超过了150000枚，全世界几十个国家已部署并投入使用。这还不包括博登湖GmbH公司在德国生产的15000枚，以及冷战期间中国和苏联数量巨大（具体未知）的仿制型号。

该项目开始于1950年，当时美国海军致力于开发一个简单的红外寻的空中拦截弹。它由在中国湖的海军军械试验基地（后来的海军武器中心）研发，最初由通用电气公司和飞歌（1961年后的飞歌-福特，1976年后的福特航空航天，1990年以后的劳拉）公司制造。雷神公司在21世纪生产了AIM-9X的改进型。

“响尾蛇”在1951年进行了首次测试，1952年9月实现第一次命中目标的拦截。AAM-N-7“响尾蛇”（即后来的AIM-9A）在1956年5月开始在美国海军服役。1955年美国空军开始对“响尾蛇”进行测试，编号为GAR-8（后来的AIM-9B），并在1962年购置了80000套。后来的AIM-9E导弹与AIM-9B类

下图：在1979年8月第69中队战斗机的战术训练中，一架F-104携带AIM-9J“响尾蛇”导弹。

左图：1980年3月，夏威夷空军国民警卫队第154中队的F-4C“鬼怪”II机翼塔架携带两枚AIM-9P“响尾蛇”导弹。

似，但其制导系统得到了很大的改善。

AAM-N-7（后来的AIM-9C）导弹采用半主动雷达寻的制导方式，而不是红外寻的制导，以实现全天候作战使用，但其生产的数量很少。

“响尾蛇”导弹的作战历程开始于1958年9月，当时中国台湾空军的F-86F战机在混战中第一次成功使用AIM-9B“响尾蛇”空-空导弹击落了中国大陆的米格-15战机。在越南战争期间，美国海军和空军使用“响尾蛇”击落敌机超过80架次，其中大多数是由美国海军的F-4“鬼怪”战斗机发射的。

改进很大的海军AIM-9H和空军AIM-9J是1972年期间主要的空战导弹。在20世纪70年代，发动机和固态电子技术的进步使得导弹性能进一步升级。在此期间，许多AIM-9B和AIM-9E改装成AIM-9J标准型导弹。

红外制导的AIM-9L（又名“利马”）导弹标志着制导技术向前迈出了重要的一步，它能够导引导弹从任何角度击中目标，包括迎面攻击。英国在1982年马岛战争，以及以色列攻打黎巴嫩的战争都证实了AIM-9L导弹的“全面”能力，在

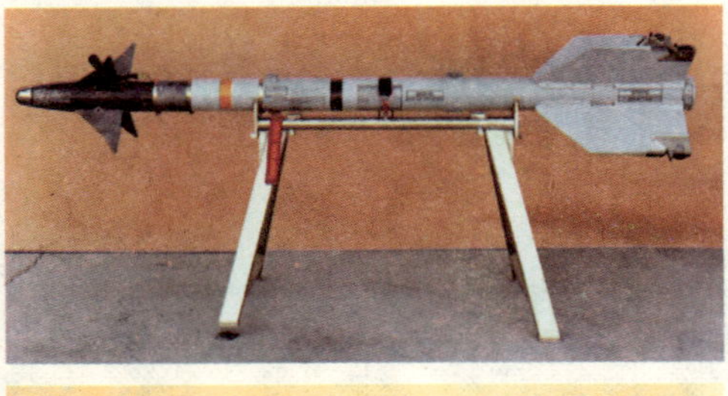

左图：1982年，海军武器中心展示架上的AIM-9L/M“响尾蛇”导弹侧面图。

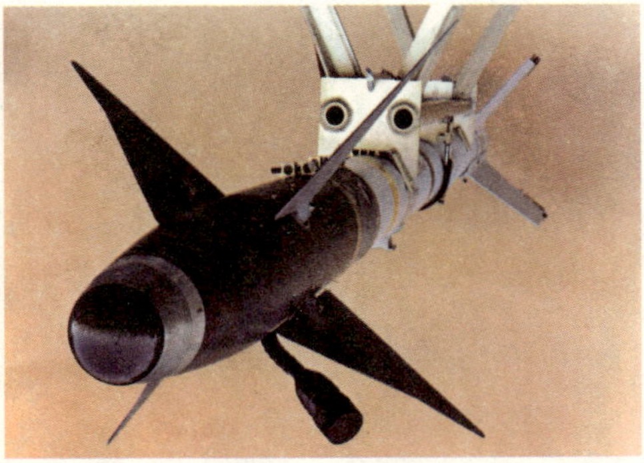

上图：1982年，海军武器中心展示架上的AIM-9L/M“响尾蛇”导弹前视图。

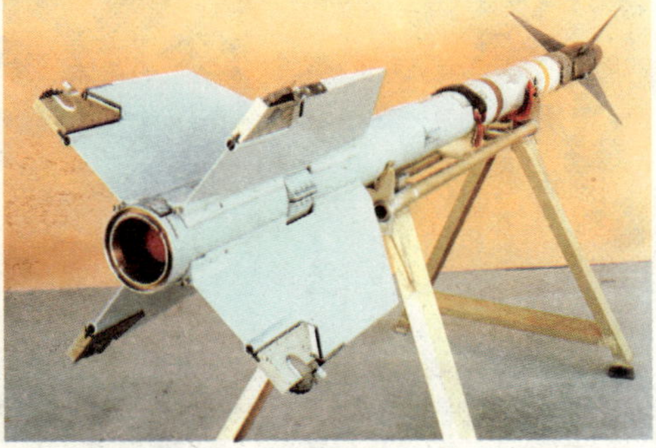

左图：1982年，海军武器中心展示架上的AIM-9L/M“响尾蛇”导弹后视图。

上图：1982年，在韩国釜山安装AIM-9L“响尾蛇”导弹的一架F-16“战隼”飞机在团队合作训练过程中维护检查。

越南战争中，美国空战中对敌机的杀伤概率达到15%左右，但使用AIM-9L以后，则跃升到80%。AIM-9M（又名“迈克”）于1982年推出，类似于AIM-9L，它具有先进的制导系统和优越的红外对抗能力。

20世纪90年代，“利马”和“迈克”型“响尾蛇”导弹对定期升级工作提出了

下图：1987年，第102战斗机中队的操作人员正为“西奥多·罗斯福”号航空母舰上的一架F-14A“雄猫”飞机挂载AIM-9L/ M“响尾蛇”导弹。

上图：2003年11，阿拉斯加埃尔门多夫空军基地第12飞机维修中心的美国空军高级飞行员约翰·法利、参谋军士凯勒·卡菲和资深飞行员柯蒂斯·斯图尔特将AIM-9X“响尾蛇”到挂载到F-15C的挂架上。

简化需求，促使雷神公司通过完善相关软件实现升级，开发出了AIM-9X导弹原型。这样使导弹的升级工作变得简单，不再需要回到仓库或基地，在野外就可以实施。

在2003年11月第一枚AIM-9X“响尾蛇”导弹开始服役，它具有红外成像焦平面阵列导引头和推力矢量控制功能，新的头盔提示系统能允许飞行员通过眼睛来锁定目标。在随后的5年中，雷神公司交付给美国海军和空军约3000套该型导弹。

制造商：雷神公司
长度：10英尺4.2英寸（2.85米）
直径：5英寸（0.13米）
翼展（尾翼）：24.8英寸（0.63米）
重量：191磅（86千克）
射程：12英里（18千米）
速度：2.5马赫
制导系统：红外寻的制导
推进系统：大力神固体燃料火箭
战斗部：爆炸破片
首次测试时间：1951年
首次部署时间：1956年（型号名称为AIM-9L和AIM-9M）

CIM-10“波马克”

“波马克”导弹是由波音公司和密歇根州的航空航天研究中心（MARC）共同开发的，名称由两个公司的首字母组合而成。根据美国空军的MX-606项目，波音公司在1946年开始研制面空制导导弹，后来进行了100次的地空无人机（GAPA）XSAM-A-1飞行试验。1949年，空军与波音公司签约，在MX-1599项目中开发一种使用喷气引擎发动机和可携带核武器的面空导弹。这一计划导致“波马克”导弹的产生，其最初编号为F-99无人驾驶战斗机。

空军基于拦截导弹是载人拦截器的自然延伸这种认识，像前面介绍的著名的MIM-3导弹一样，主张对“波马克”的所有权。基于同样的理由，陆军保留了相应的“奈基”项目，认为“奈基”项目是陆军防空炮兵司令部的自然延伸。

1952年9月XF-99“波马克”开始测试，在三年的测试过程中，“波马克”导弹重新编号为拦截导弹XIM-99A。1957年试验成功后，IM-99A“波马克”开始生产，导弹、半自动地面环境（SAGE）雷达和控制系统基础设施于1959年9月投入运行。

右图：波音公司的一枚“波马克”拦截导弹发射瞬间。“波马克”的最初被编号为F-99，后来改为IM-99，之后又改为MIM-10。

由于IM−99A喷气引擎的液体燃料推进火箭反应特别慢，因此研制了聚硫橡胶固体燃料火箭助推器，1959年5月应用于IM−99B型导弹进行了第一次测试，直到1960年7月测试才取得成功。1961年6月IM−99B型导弹开始在美国空军服役，后来还装备了加拿大皇家空军。

除了试制的30套“波马克”导弹，到1965年，波音公司一共交付了269套IM−99A型导弹和301套 IM−99B型导弹。其中一些“波马克”A升级到“波马克”B的标准。在1963年，“波马克”使用CIM−10A和CIM−10B的“M”导弹系列重新编号，“C”表示其存放在“棺材”状的防弹混凝土发射井内，使用液压发射。

下图：1977年，范登堡空军基地正在发射的“波马克”导弹。

上图：身着白色外套的技术人员在“波马克”导弹总装区，弹身的编号“IM”为“拦截导弹”前缀标识。

最后一套“波马克”拦截导弹在1972年退役，剩下的导弹用来作为CQM−10A和CQM−10B空中靶机。

制造商：波音公司
长度：45英尺1英寸（13.7米）（带助推器）
直径：35英寸（0.89米）
翼展：18英尺2英寸（5.54米）
重量：16000磅（7250千克）
射程：440英里（710千米）
速度：3马赫
实用升限：100000英尺（30000米）
制导系统：无线电指令加雷达导引头末制导
推进系统：喷气式液体燃料（CIM−10A）或聚硫橡胶固体火箭助推器（CIM−10B），马夸特RJ43冲压发动机
战斗部：W47核战斗部（或者高爆炸药）
首次测试时间：1952年
首次部署时间：1959年（型号名称为CIM−10B）

1958年5月，“红石”导弹位于佛罗里达州卡纳维拉尔角发射台。这是由美国陆军第40炮兵集团的第217野战炮兵导弹营第一次发射Block I 战术导弹和“红石”导弹。

PGM-11“红石”

“红石”导弹的名字起源于美国亚拉巴马州的陆军红石兵工厂，作为美国陆军弹道导弹家族的一员，“红石”地-空导弹的研发工作是由沃纳·冯·布劳恩和研制V-2弹道导弹的德国科学家负责完成。

与MGM-5计划一样，“红石”导弹研制与“赫尔墨斯”工程同时进行，主要用于对付当时德国的“瀑布”导弹。“红石”是“赫尔墨斯”家族的一种型号，像当时的V-2导弹一样，“赫尔墨斯”和“红石”导弹都使用液体燃料火箭。1950年朝鲜战争开始后，作为战术核武器发射平台，“红石”项目得到了优先发展，1953年首次亮相飞行。

1958年，美国陆军部队在西德前沿阵地部署了制导炮射导弹M8（后来的PGM-11A“红石”导弹），这是美国第一次部署中程弹道导弹（MRBM）。由于具备大约250英里的射程，“红石”导弹在与美国空军发展的导弹型号竞争中脱颖而出，成为唯一一种获得授权的射程超过200英里的导弹。

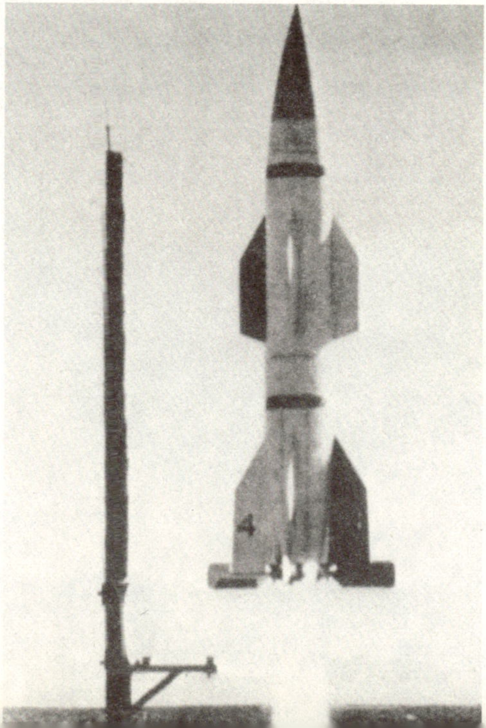

截止到1960年，克莱斯勒公司一共生产了1000余套“红石”导弹系统，但作为攻击性武器此后不久就开始现役。PGM-11As后来被改装为空间运载火箭以供美国航空航天局使用，1961年，在“红石”武器系统的基础上，美国通过“水星”计划首次将两名宇航员送入太空。

制造商：克莱斯勒公司
高度：69英尺4英寸（21.13米）
直径：70英寸（1.78米）
翼展（尾翼）：12英尺（ 3.66米）
重量：61000磅（27500千克）
射程：175英里（325千米）
速度：5.5马赫
实用升限：300000英尺（92000米）
制导系统：惯性制导
推进系统：洛克达因液体燃料火箭
战斗部：热核战斗部
首次测试时间：1953年
首次部署时间：1958年（型号名称为PGM-11A）

左图：1946年，由德国V-2火箭改装的“赫尔墨斯”在白沙试验场第一次测试，它利用了德国V-2导弹的空气动力学结构外形，直接用于美国陆军“红石”导弹的研制。注意它的尾翼和V-2以及“红石”两者都相似。

AGM-12“小斗犬”

如同将制导系统与非制导空-空火箭结合形成“麻雀”导弹一样，“小斗犬”导弹作为大力发展的可制导空-地武器先驱，能够提高非制导炸弹和火箭打击一些重要小目标时的精确性。虽然德国和美国在第二次世界大战期间已经开发出类似的武器系统，但“小斗犬”是第一款成功进入美国现役的型号。

美国海军在1953年朝鲜战争结束时接受马丁公司的建议启动该项目，安排研制并编号为ASM-N-7。最初它由固体燃料火箭提供动力，但在项目后期动力系统改为聚硫橡胶/液体燃料反应发动机。1955年XASM-N-7首次测试成功，1959年“小斗犬”开始服役。与此同时，美国空军采购了“小斗犬”的改进型号GAM-79，并称之为“白色标枪”。此后空军采购的GAM- 83导弹武器系统，使用“斗牛犬”的名称。1963年，在海军和空军服役的“小斗犬”被重新编号为AGM -12。

由于制导过程通过发射载机上的无线电指令进行控制，飞行员要通过视觉接触全程维持导弹的飞行轨迹，这造成导弹操作的复杂和使用困难。尽管这样，在越南战争期间仍大量使用“小斗犬”导弹来攻击敌方桥梁等目标。虽然比炸弹轰炸那些防护严密的目标效果好一些，但结果仍差强人意。

到1969年马丁公司终止生产时，一共生产了超过22000多枚“小斗犬”导弹。

制造商：格伦·马丁公司
长度：10英尺6英寸（3.2米）
直径：12英寸（0.31米）
翼展（尾翼）：37英寸（0.94米）
重量：570磅（260千克）
射程：7英里（11千米）
速度：1.8马赫
制导系统：视距无线电控制指令制导
推进系统：聚硫LR58液体燃料火箭
战斗部：爆炸破片（W45核战斗部可选）
首次测试时间：1955年
首次部署时间：1959年（型号名称为AGM-12B）

下图：A-4“空中之鹰”正在试射马丁AGM-12“小斗犬”导弹。

MGM-13“权杖”

上图：1959年，装载在运输车上的MGM-13（当时的TM-76A）“权杖”导弹。

“权杖”是马丁公司“斗牛士”巡航导弹的继任者，事实上起源TM-61B“斗牛士”B型导弹，于1956年进行了飞行测试。它引进了一系列的改造方案，包括加粗加长机身，这意味着能装载更多的燃料，具有更大的射程；以及改进地图自动匹配导航系统（ATRAN），即地形匹配（TERCOM）的雏形系统。然而，地图自动匹配导航系统的使用受到潜在目标雷达图编辑工作的限制。

1959年重新编号为TM-76A，并更名为“权杖”，在西德该导弹逐渐替换“斗牛士”进入美国空军服役。到1961年同系列的TM-76B“权杖”B逐渐取代TM-76A，将其中的地图自动匹配导航系统换成了惯性导航系统。初期的“权杖”同“斗牛士”一样从机动平台发射，改进的“权杖”B由固定发射掩体或类似“棺材”状的发射井发射。1963年，TM-76A和TM-76B重新编号为MGM-13B和CGM-13C。

1960年，一枚箱式CGM-13（当时的TM-76A）“权杖”导弹正在进行试射。

1966—1971年期间，“权杖”导弹被美国陆军用MGM-31A“潘兴”导弹逐步替换，原因是后者反应时间更快，许多现存的“权杖”导弹也改为靶弹使用。

制造商：格伦·马丁公司
长度：44英尺9英寸（13.64米）
直径：4英尺6英寸（1.37米）
翼展：22英尺11英寸（6.99米）
重量：18750磅（8500千克）
射程：800英里（1300千米）
速度：650英里/小时（1040千米/小时）
实用升限：40000英尺（12200米）
制导系统：见正文
推进系统：艾利森J33涡喷发动机，聚硫橡胶固体燃料火箭助推器
战斗部：热核战斗部
首次测试时间：1956年
首次部署时间：1959年（型号名称为MGM-13B）

MIM-14“奈基大力士”

20世纪50年代末，作为美国主要的防空导弹MIM-3“奈基·阿基克斯”的替代者，“奈基大力士”被部署到现有的“奈基·阿基克斯”发射阵地，同时对地面雷达系统设施也进行了升级。

“大力士”导弹继承了早期的导弹技术，最初称为“奈基”B，编号为SAM-N-25。贝尔实验室和西电公司进行了系统设计以提升制导和雷达能力，道格拉斯公司对弹体结构进行了重新设计，最明显的变化是变细加长的机身，以及采用四个尾翼使稳定性好于原来的三个。

虽然大部分“大力士”导弹装备的是常规爆炸破片弹头，但更大的射程及杀伤范围意味着可以在距离发射场更远的地方进行拦截，这就为“大力士”导弹装备核弹头铺平了道路，当时的设想是在苏联轰炸机编队的任何位置进行一次核爆炸就可以击毁大部分甚至全部的轰炸机。

1960年，“奈基大力士”导弹成功拦截了一枚“下士”导弹，展示了导弹防御的潜在能力，它比现代陆基中段防御系统早部署了近半个世纪。

上图：MIM-14“奈基大力士”在旧金山金门海峡对面的巴里堡美国陆军“奈基”SF-88L地下掩体中。

“奈基大力士”导弹M6于1958年开始服役，并于1963年重新编号为MIM-14，大约生产了25000套“奈基大力士”导弹，大部分是改进型的MIM-14B（原M6A1）。

除了部署在美国，许多“奈基大力士”导弹被美国陆军部署到欧洲，同时比利时、希腊、意大利、荷兰和土耳其等国的陆海空三军也有部署。日本也购买了“奈基大力士”用于自身的防空，并通过固态电子学的发展对导弹进行了改进。

到20世纪60年代后期，随着洲际弹道导弹取代苏联的轰炸机攻击威胁，美军开始逐步停用横跨美国的“奈基”导弹阵地，这个工作在1974年完成，在欧洲服役的“大力士”导弹直到1984年被MIM-104“爱国者”替代。

左图：1959年4月，MIM-14“奈基大力士”地-空导弹在南加州进行接电测试。

上图：从旧金山金门海峡对面的巴里堡美国陆军“奈基”SF-88L地下掩体中升起的MIM-14“奈基大力士”导弹。

许多美国本土的“奈基”导弹仍然存在，旧金山附近的SF-88L阵地几乎是完整无缺地向公众开放，连同MIM-14导弹阵地由国家公园服务中心作为历史遗迹一起管理。

制造商：西电/道格拉斯飞机公司
长度：26英尺10英寸（8.18米）［带助推器：41英尺1英寸（12.52米）］
直径：21英寸（0.53米）
翼展（尾翼）：6英尺2英寸（1.88米）
重量（带助推器）：10710磅（4850千克）
射程：88英里（140千米）
速度：3.165马赫
实用升限：150000英尺（46000米）
制导系统：支持依靠跟踪雷达的地面控制指令制导
推进系统：聚硫橡胶M30与M42增压大力士（固体燃料火箭）
战斗部：W37核或爆炸破片
首次测试时间：1955年
首次部署时间：1958年（型号名称为MIM-14B）

MIM-14“奈基大力士”导弹在一个垂直发射架上起竖到几乎直立状态。

RGM-15“雷古拉斯”II

“雷古拉斯”II是1953年沃特公司继SSM-N-8（RGM-6）“雷古拉斯”舰射巡航导弹之后提出的高空、超音速构想，1956年沃特公司开始交付美国海军XRSSM-N-9原型导弹，并进行了长达一年半的莱特J65涡喷发动机飞行测试。早期的试验导弹配备起落架，使他们像无人机一样可以回收，定型后则取消了这个功能。

1958年开始测试配备了通用电气J79的“雷古拉斯”II，同年9月第一次水下发射成功。然而同“北极星”潜射弹道导弹（SLBM）研发情况相比明显不足，1958年美国海军在大约研制50套后决定终止生产带翼的“雷古拉斯”II，5年后永久撤销并正式编号为RGM-15A。与其他早期带翼巡航导弹一样，一些尚存的“雷古拉斯”II后来被用作靶机。

制造商：沃特公司

长度：57英尺6英寸（17.52米）（没有前端探头）

直径：50英寸（1.27米）

翼展：20英尺1英寸（6.12米）

重量：23000磅（10400千克）

射程：340英里（550千米）

速度：2马赫

实用升限：59000英尺（18000米）

制导系统：惯性制导

推进系统：通用电气J79涡喷发动机与洛克达因固体燃料火箭助推器

战斗部：W27热核弹头

首次测试时间：1956年

首先部署时间：未曾部署（型号名称为RGM-15A）

下图：沃特RGM-15（采用了GQM-15的结构外形）“雷古拉斯”II在加州沙漠机场。

上图：一枚康维尔SM-65A“宇宙神”洲际导弹在加州洛马岬。

上图：在加利福尼亚洛马岬，一枚康维尔SM-65A“宇宙神”洲际弹道导弹在发射架上。

CGM-16/HGM-16“宇宙神”

美国第一枚洲际弹道导弹（ICBM）“大力士”起源于MX-774项目，由Hiroc项目发展而来。1947年美国空军终止这项计划，但康维尔公司继续研究大型洲际运载系统。1951年重新引起了空军的兴趣，相关概念研究由MX-1593计划正式启动，最开始以“X-飞机”系列命名，其中X-11是一个单引擎试验飞行器，而X-12有三个引擎。列装的“宇宙神”导弹被称为B-65“轰炸机”，后来改为SM-65“战略导弹”。

1957年，XSM-65A“宇宙神A”导弹首次试飞，它的第一款改进型SM-65D于1959年开始服役。

为了尽量减少动力系统重量，康维尔公司采用独特的设计，在弹体内部用液体燃料使结构紧密有刚性，使“宇宙神”导弹柔软易弯曲，像一个巨大的聚酯薄膜气球，直到注满燃料“膨胀”起来。

右图：在加利福尼亚洛马岬，康维尔SM-65A“宇宙神”洲际弹道导弹发射现场。

上图：在圣迭戈的卡尼梅萨工厂中，康维尔公司的“宇宙神”洲际导弹生产车间。

1955年，艾森豪威尔总统将发展洲际弹道导弹置于国防发展的最优先位置，1957年康维尔公司在位于圣迭戈卡尼梅萨一个占地250英亩的工厂设立康维尔航天独立分部专门生产“宇宙神”导弹。

1957年9月第一次成功试射后，该导弹在12月的测试中达到其设计的700英里射程。

1958年，战略空军司令部（SAC）开始组建第一个“宇宙神”部队——战略

上图：一枚康维尔SM-65E（后来的CGM-16E）“宇宙神”洲际弹道导弹在加利福尼亚洛马岬。

上图：加利福尼亚洛马岬，康维尔SM-65E（后来的CGM-16E）“宇宙神”洲际弹道导弹发射升空。

左图：康维尔公司人员将“宇宙神”洲际导弹起竖到静态塔以测试导弹起降机械结构，早期的“宇宙神”水平贮藏在“棺材”发射井里，展开时起竖到垂直发射阵地。

上图：支射台上的SM -65E（后来的CGM- 16E）铝皮在聚光灯照射下闪烁光芒。

下图：在枫树峡基地的康维尔SM-65E（后来的CGM-16E）导弹洛克达因液体燃料引擎点火瞬间。

导弹第4320联队（后来的第706联队），部署在怀俄明州的弗朗西斯·沃伦空军基地。到1959年8月，战略空军司令部共组建了四支“宇宙神”D作战单元，1960年组建了三支“宇宙神”E作战单元，到1962年底又增加了6个“宇宙神”F中队。这时康维尔公司已生产交付了30套“宇宙神”D、32套“宇宙神”E和80套“宇宙神”F导弹，一共组建了13个弹道导弹中队。后来“宇宙神”改进型以更大的质量著称，射程更是达到11500英里。

“宇宙神”导弹初始状态是在坚硬的“棺材状”长方形箱内，发射时需将导弹从水平升到垂直位置，采用弹筒发射是其基础发射模式，然而“宇宙神”F则设计成从地下发射井发射。1963年，箱式发射的“宇宙神”编号为CGM-16，发射井发射的“宇宙神”F编号为HGM-16F。

“宇宙神”导弹服役的时间比较短暂，为执行1961年的美国国防部计划，战略空军司令部在1964年使用更新的“民兵”导弹取代“宇宙神”和“太阳神”洲际弹道导弹。它们被更换的主要原因是其液体燃料火箭维护成本远大于使用固体燃料的“民兵”系列导弹。

1965年6月，所有的“宇宙神”系列洲际弹道导弹全部退役，但和其他洲际导弹的衍生品类似，“宇宙神”逐渐成为运送航天器进入轨道的运载火箭。在“宇宙神”许多的空间应用中，它还被用来执行开始于1962年2月的美国航空航天局约翰·格伦“友谊7号”水星轨道载人航天计划的所有轨道飞行任务。

在20世纪80年代，通用动力公司开始研制“宇宙神”II固体燃料运载火箭，但与原来的“宇宙神”导弹有很大区别。1993年这个项目出售给马丁·玛丽埃塔公司（现在的洛克希德·马丁公司），后来其主要发展“宇宙神”火箭，如广泛用于发射有效载荷进入轨道的“宇宙神”V系列运载火箭。

制造商：通用动力公司康维尔分部
高度：82英尺6英寸（25.15米）
直径：10英尺（3.05米）
重量：260000磅（118000千克）
射程：11500英里（18500千米）
速度：15500英里/小时（25000千米/小时）
实用升限：500英里（800千米）（地球大气层外）
制导系统：惯性制导
推进系统：2个洛克达因LR89液体燃料助推器，洛克达因LR105液体燃料火箭
战斗部：W38热核弹头
首次测试时间：1957年
首次部署时间：1959年（型号名称为CGM－16E和HGM－ 16F）

右图：一枚CGM-16F“宇宙神”导弹从范登堡空军基地发射升空。

PGM-17“雷神”

在“宇宙神”洲际弹道导弹冗长的研发过程中，作为一种应急措施需要开发一款相对简单并可迅速展开部署的弹道导弹，1954年启动的“雷神”计划在这方面捷足先登。经过一定妥协折中后的方案是发展一种射程较小的中程弹道导弹。

这种紧迫性受当时苏联弹道导弹发展势头的推动，不过其中也隐藏着一丝军事对抗的意味。和“宇宙神”导弹一样，“雷神”是属于美国空军的项目，当时和空军进行强劲竞争的陆军也正雄心勃勃地发展其弹道导弹计划，特别是其“木星”项目。在一些资料中，这两种导弹都被视为中程弹道导弹。

事实上，“雷神”计划不仅和“木星”计划一样，都采用了液体燃料火箭发动机，而且也采用了用于“宇宙神”计划的惯导系统，“雷神”计划因此得以加速发展。

第一代“雷神”导弹（即战略导弹XSM-75）在1956年10月交付并用于测试，但直到1957年9月才首次发射成功。道格拉斯公司共生产了超过35枚的XSM-75导弹和超过75枚的SM-75导弹，后者于1963年发展为PGM-17A导弹。

右图：在1962年初夏的某个黎明，一枚即将发射的PGM-17（SM-75）“雷神”导弹。

上图：1959年一架直升机拍到的PGM-17（SM-75）“雷神”导弹发射装置。

由于受射程所限，“雷神”导弹无法从美国本土直接打到苏联，因此在1959它们被前推部署到英国，只要皇家空军一声令下，它们就可在苏联的头顶大发神威。到1961年年底，共有20个装备三发导弹的中队在约克郡和萨福克郡之间的区域担负战备，不过它们服役的年限仅有4年。

尽管“雷神”很快被洲际导弹所取代，但它很快又被美国航空航天局作为空

上图：1959年左右，一枚带有皇家空军标识的“雷神”弹道导弹。

下图：一枚准备发射的PGM-17（SM-75）“雷神”弹道导弹。

天运载火箭使用。作为一种最好的发射平台，“雷神”在20世纪60年代许多重要的航天器项目中，都发挥了举足轻重的作用。道格拉斯公司最终把“雷神”发展成为异常成功的“宇宙神”运载火箭系列，该系列火箭直到21世纪发展势头依然良好。

制造商：道格拉斯飞机制造公司
高度：65英尺（19.8米）
直径：8英尺（2.4米）
重量：11000磅（16100千克）
射程：1500英里（2400千米）
速度：10000英里/小时（16000千米/小时）
实用升限：300英里（480千米）
制导系统：惯性制导
推进系统：洛克达因LR79液体燃料与洛克达因LR101液体燃料助推器火箭
战斗部：W39热核弹头
首次测试时间：1957年
首次部署时间：1959年（型号名称为PGM-17A）

MGM-18“曲棍球”

起源于1947年的“曲棍球”是美国海军陆战队一种用于装载常规或核弹药的近程导弹。正如许多早期的导弹系统一样，该导弹及其制导系统也是诞生于高等院校，特别是美国康奈尔大学和约翰·霍普金斯大学应用物理实验室（APL），美国海军的“雷古拉斯”导弹就是在约翰·霍普金斯大学应用物理实验室研制出的。实际上，最早版本的“曲棍球”导弹编号为SAM-N-9，不过后来改成了“雷古拉斯”，其弹体由马丁公司制造。

由于美国国防部希望将近程、陆基核计划集中在一起以便于管理，“曲棍球”项目于1950年移交给了美国陆军，编号为SSM-G-12（随后改称SSM-A-12）。据了解，海军陆战队虽然也拥有使用“曲棍球”的机会，但最终并没有采购该型导弹。

XSSM-A-12的首次发射在1954年进行，但定型量产的“曲棍球”导弹首次飞行直到1957年才得以实现。最终该导弹于1960年作为制导炮射导弹部署于美国陆军，编号为M4导弹。由于该型导弹要求操作手对目标必须能够通视，限制了它在战争中的使用，服役不久就在1963年被MGM-18A导弹所取代。

制造商：格伦·L.马丁公司
长度：19英尺2英寸（5.84米）
直径：20.5英寸（0.52米）
翼展（尾翼）：4英尺8英寸（1.42米）
重量：2300磅（1040千克）
射程：12英里（19千米）
速度：0.8马赫
制导系统：无线电指令制导
推进系统：聚硫橡胶固体燃料火箭
战斗部：高爆或W40核弹头
首次测试时间：1954年
首次部署时间：1960年（型号名称为MGM-18A）

左图：1958年，位于移动发射架上的MGM-18导弹（当时亦称M4）。

一枚带有皇家空军标识矗立在发射台上的“木星”导弹。

PGM-19A“木星”

“木星”计划起源于沃纳·冯·布劳恩工作室的美国陆军“红石”阿森纳，基本上就是“红石”项目的改进版本。它与“红石”和冯·布劳恩的V-2导弹一样，也是采用液体燃料。与“红石”项目相同，“木星”项目的主要承包商也是克莱斯勒公司。

1956年国防部长查尔斯·威尔逊下令所有射程在200千米以上的弹道导弹都必须由美国空军控制。“木星”随即被编号为B-78（后称SM-78），年份上“木星”本来早于“雷神”项目，但编号却晚一些，因此它的排序数字更大。到1963年，“木星”又被重新编号为PGM-19A。

虽然略小于“雷神”，但“木星”和道格拉斯“雷神”一样，同属于中程弹道导弹（IRBM），“木星”中程弹道导弹预生产的飞行测试开始于1955年，首次完全的飞行试验直到1957年5月才得以实现。

1959年5月14日SM-78A（PGM-19A）“木星”A发射场景。

众多“木星”导弹被部署到海外，保证苏联的目标在它们的射程之内，部署在意大利和土耳其的作战分队于1960年开始担负战备。在1962年古巴导弹危机结束后，美国总统约翰·肯尼迪和苏联主席尼基塔·赫鲁晓夫秘密达成协议，将“木星”及其发射装置撤出了土耳其。到1965年，各地部署的“木星”导弹均已退出现役，洲际弹道导弹的发展也使得它们有些相形见绌了。

“木星”中程弹道导弹交付到空军之后，美国陆军和冯·布劳恩的团队继续研究“木星”系列的太空发射装置。在1958年1月，“木星”C最终成功问世，它后来被用作发射探险者1号，就是美国第一个在轨卫星。

制造商：克莱斯勒公司
长度：60英尺4英寸（18.4米）
直径：8英尺9英寸（2.67米）
重量：110000磅（50000千克）
射程：1850英里（2980千米）
速度：10000英里/小时（16100千米/小时）
实用升限：380英里（610千米）
制导系统：惯性制导
推进系统：洛克达因LR79液体燃料火箭
战斗部：W49热核弹头
首次测试时间：1955年
首次部署时间：1960年（型号名称为PGM-19A）

ADM-20“鹌鹑”

“鹌鹑”无人诱饵机看起来外形笨拙，就像带着翅膀的一台冰箱，它的特别之处在于其雷达散射特性与B-52轰炸机接近。这一构想是出于诱骗的考虑，即利用“鹌鹑”无人诱饵机在敌方雷达屏幕上模拟出一架轰炸机的雷达信号，从而使敌防空系统错失真正的轰炸机目标。

20世纪50年代初，美国空军开始研发可挂载在担负穿越苏联领空任务的B-36和B-47轰炸机上的无人诱饵机，最终生产出了序号从71至74的诱饵机，它们分别是康维尔公司的GAM-71“公鸭”，麦克唐纳公司的GAM-72“绿色鹌鹑”（后称“鹌鹑”），仙童公司的SM-73“公牛鹅”，以及不愿透露代号的康维尔MX-2223（后来编号为SM-74）。其中，只有“鹌鹑”和“公牛鹅”诱饵机参加过实战。后来只有“鹌鹑”诱饵机因为达到作战指标而且服役年限长，从而被编入“M导弹”系列。

上图：麦克唐纳公司的GAM-72（后来称ADM-20）“鹌鹑”空射诱饵机。

下图：带有战略空军司令部标识的GAM-72（后来称ADM-20）“鹌鹑”诱饵机。诱饵机旁边的技术人员正在绘制其杀伤区，不过“鹌鹑”实际的雷达探测区域要大得多。

在1957年晚些时候完成滑翔测试后，1958年8月有动力的“鹌鹑”诱饵机进行了首次飞行测试。“鹌鹑”诱饵机于1962年早些时候开始服役，那时它们只能挂载到B-52上面。由于弹翼可以折叠，一架B-52轰炸机可以挂载8枚“鹌鹑”诱饵机，当然实战时挂载数量要少一些。

“鹌鹑”诱饵机的自动驾驶系统可以根据轰炸机的轨迹来预先规划其飞行线路，其红外装备还能模拟轰炸机引擎的热红外信号特征。

到1963年有超过500枚的“鹌鹑”诱饵机得以交付，此时重新编号为ADM-20。它们一直服役到1978年。由于雷达技术的迅速发展，这时苏联已经可以很容易判别出轰炸机和“鹌鹑”诱饵机了。

制造商：麦克唐纳飞机制造公司
长度：12英尺11英寸（3.94米）
高度：3英尺4英寸（1.02米）
翼展：5英尺5英寸（1.65米）
重量：1200磅（540千克）
射程：400英里（650千米）
速度：0.95马赫
实用升限：50000英尺（15200米）
制导系统：预编程的地形匹配自动驾驶系统
推进系统：通用电气J85涡轮发动机
首次测试时间：1957年
首次部署时间：1961年（型号名称为ADM-20B）

MGM-21

在第二次世界大战期间使用火箭弹攻击坦克是美国步兵的主要作战样式。大多数作战单元都配备了著名的M1单兵反坦克火箭弹，但没有制导能力。第二次世界大战之后，世界各国军队大量装备了类似武器系统，美国陆军的M72轻型反坦克武器（LAW）和广泛使用的火箭助推榴弹（RPG）即在此列。

第二次世界大战后，步兵急需一种小型反坦克制导导弹。实际上，德国在第二次世界大战期间已经这么做了，德国航空运输研究所的马克思·克莱默和德意志航空宇航研究所研制出了X-4空-空导弹和X-7反坦克导弹，这两种导弹都是利用拖曳导线来进行控制的线导武器。

克莱默研制出的X-7“小红帽”导弹起源于一个1944年启动的旨在阻滞苏联坦克集群的紧急计划。后来有数百枚“小红帽”导弹被运到前线，以检验其性能，其中有一些在与苏联坦克作战过程中表现不错。

第二次世界大战结束后，采用线导制导方式的反坦克导弹被冷落了一段时间。直到20世纪50年代，美苏研究人员才对克莱默的思路重新发生了兴趣，而类似武器再次投入战争则要晚至20世纪60年代。法国是战后第一个研制出线导反坦克武器的国家。1948年阿森纳航天中心在仔细研究

克莱默工作笔记的基础上，成功研制出一种全新的X-7导弹。该导弹得以量产，并衍生出北方航空公司5200系列（即SS-10系列）。这个项目随后又衍生出ENTAC反坦克导弹，也称远程制导反坦克武器。

1954年美国陆军对SS-10导弹性能进行了评估，在此基础上，成功研制出美国第一种有线制导导弹，即更大的SAM-A-23“标枪”导弹。到1959年，“标枪”导弹被淘汰，美军装备了少量的SS-10导弹，不久又换装为ENTAC武器系统。1963年，逐步淘汰的SS-10导弹重新编号为MGM-21A，而ENTAC则被编号为MGM-32A。

上图：1961年3月在“红石”兵工厂航空航天公司的线导反坦克武器SS.10（后称AGM-21）导弹。

制造商：北方航空公司
长度：34英寸（0.86米）
直径：6.5英寸（0.17米）
翼展（尾翼）：29.5英寸（0.75米）
重量：33磅（15千克）
射程：1英里（1600米）
速度：180英里/小时（290千米/小时）
制导系统：有线制导
推进系统：固体燃料火箭
战斗部：高爆穿甲弹头
首次测试时间：1954年
首次部署时间：1959年（型号名称为MGM-21A）

左图：航空航天工业公司（诺德）的SS.11（后称AGM-22）有线制导反装甲导弹。

下图：拟立项的航空航天工业公司（诺德）SS.11（AGM-22）有线制导反装甲空射导弹。

AGM-22

这种导弹是从法国陆军研发的SS-10导弹演变而来的，法国陆军于1956年部署了该型导弹，代号为SS-11。美国陆军在1959年对其进行了首次评估，它可由UH-1直升机挂载，并且获得了在美国本土生产的许可证，法美两国共生产了近20万枚该型导弹。

后来编号为AGM-22的该型导弹在越战中使用时遇到了一个瓶颈问题，尽管事实证明实战条件下用有线制导导弹杀伤空气动力目标是件不靠谱的事，但1972年前AGM-22仍被不断售到东南亚国家，直到1978年美国陆军才将其完全淘汰。

制造商：诺德（1970年后称航空航天工业公司）和通用电气公司

长度：47英寸（1.2米）

直径：6.5英寸（0.17米）

重量：66磅（30千克）

射程：9800英尺（3100米）

速度：425英里/小时（685千米/小时）

制导系统：有线制导

推进系统：固体燃料火箭

战斗部：高爆穿甲弹头

首次测试时间：1959年

首次部署时间：1961年（型号名称为AGM-22B）

MIM-23“霍克”

“霍克”地-空导弹在美军的服役年限超过40年，虽然没有击落过一架敌机，不过在1969—1973年间，以色列用它摧毁了三十几架敌机。在20世纪80年代，至少同样数目的伊拉克军机被伊朗用“霍克”导弹击落。法军则利用MIM-23B“霍克”导弹击落了一架于1987年飞过乍得的利比亚TU-22轰炸机。

2011年9月11日五角大楼被袭击之后，“霍克”防空导弹开始部署在华盛顿特区周围。

“霍克”防空导弹项目起源于1952年，当时美国陆军正发展一种中程雷达制导面空导弹，以保护其部队免受空袭。“霍克”导弹于1954年首次进行发射，当时编号为XSAM-A-18，一年后又改称M3制导导弹。1959年美国陆军将“霍克”导弹首先部署在其特有的机动发射平台上，一年后海军陆战队也有部署。

上图：1985年2月在阿拉斯加的科迪亚克岛云杉阵地上MIM-23“霍克”防空导弹上架的情景。

作为最早部署在欧洲的美军导弹，“霍克”在1962年的古巴导弹危机中，为保卫美国南部地区发挥了重要作用。1965年，海军陆战队第一次把MIM-23A“霍克”导弹部署于越南，以保卫他们在岘港的基地。

同样在1965年，以色列成为最终24个“霍克”导弹用户的一员。在20世纪70年代，伊朗获得美国的军事装备，并且是“霍克”导弹的主要用户。在这些导弹中，伊朗和以色列两国的“霍克”导弹击落敌机总数占该型导弹战果的大部分，不过确切的数字并未得到证实。科威特则声称1990年伊拉克军队入侵时曾

左图：1973年的德国黑森林，安装在美国陆军M727自行式运载车辆上的MIM-23“霍克”防空导弹。

上图："沙漠盾牌"行动中，美国陆军第11防空炮兵旅工作人员正在部署MIM-23B"霍克"地-空导弹系统。

击落其军机十余架，不过只有两架得到证实。其他"霍克"导弹的用户还包括新加坡、沙特、韩国以及大部分欧洲北约国家。

多年来，"霍克"导弹及其雷达控制系统进行了多项升级。第一次改进出现在20世纪六七十年代之交，当时称为"霍克"导弹或I-Hawk项目，这个改进使制导更精确、动力更足、弹头杀伤力更大的MIM-23B导弹研发出来。其后在20世纪80年代又开展了一个分为三阶段的改进计划。在此期间，制导系统以及电子设备能力得到了大幅提升。

为应对中欧国家战争爆发存在的潜在电子干扰威胁，电子对抗技术不断升级的"霍克"导弹在80年代初衍变为MIM-23C和MIM-23D。后来经过进一步改进，到1990年衍生出MIM-23E、MIM-23F两型，1995年又衍生出MIM-23L、MIM-23M两型导弹。至此在40多年间，各型"霍克"导弹的生产总数大约有40000枚之多。尽管21世纪初美国已将"霍克"导弹淘汰，但它仍在超过12个国家的军队中继续发光发热。

制造商：雷神公司
长度：16英尺6英寸（5.03米）
直径：14.5英寸（0.374米）
翼展（尾翼）：3英尺11英寸（1.193米）
重量：1400磅（635千克）
射程：25英里（40千米）
速度：2.5马赫
实用升限：58000英尺（17700米）
制导系统：半主动雷达制导
推进系统：喷气式M112固体燃料火箭
战斗部：爆炸破片
首次测试时间：1954年
首次部署时间：1959年（型号名称为MIM-23B）

RIM-24“鞑靼人”

从技术层面上讲，“鞑靼人”是美国海军舰载防空导弹“小猎犬”的改进型。由于缺少助推器，“鞑靼人”相比“小猎犬”体型较小，因而专门用于低空防御。不同于“小猎犬”的波束导引制导系统，“鞑靼人”的制导系统为半主动式雷达导引系统。

RIM-24A“鞑靼人”导弹于1962年首次部署，不过它很快便被改进的RIM-24B所取代，因为后者在制导系统、推进系统和性能方面较前者有了全面的提高。

后来的十年中，在“鞑靼人”导弹的可靠性改进计划（TRIP）下，诞生了RIM-24C改进型，它采用先进的电子设备，有更好的抗干扰和多目标跟踪能力。

然而“鞑靼人”导弹的服役时间很短暂，后来它被1967年首次部署的“雷神”RIM-66所取代。

上图：“环太平洋”演习中，澳大利亚导弹护卫舰“达尔文”号发射RIM-24“鞑靼人”导弹瞬间。

制造商：通用动力公司康维尔分部
长度：15英尺6英寸（4.7米）
直径：13.5英寸（0.34米）
翼展（尾翼）：42英寸（1.07米）
重量：1310磅（600千克）
射程：19英里（30千米）
速度：1.8马赫
高度：65000英尺（20000米）
制导系统：半主动雷达制导
推进系统：喷气式Mk.27固体燃料火箭
战斗部：高爆弹头
首次测试时间：1958年
首次部署时间：1962年（型号名称为RIM-24B）

左图：1984年11月，在长滩“加里”导弹护卫舰编入现役的庆典中，Mk.13导弹发射架上的RIM-24“鞑靼人”舰空导弹。

HGM-25/LGM-25“大力神”

战略空军司令部将其最大的洲际导弹命名为“大力神”。“大力神”I高98英尺，重100吨；“大力神”II高103英尺，重165吨。它们比同时期代的“宇宙神”重的原因在于其体型以及钢性结构的运用，不像“充气的”的“宇宙神”。

1955年，在艾森豪威尔总统将洲际弹道导弹技术作为最高级别的防御计划优先发展后，“大力神”便成为其第一个洲际导弹计划。最初设想是在类似“宇宙神”武器系统项目下进行“大力神”洲际弹道导弹的开发，由马丁公司研发和制造，并编号为“B”轰炸机系列的“B-68”。后来编号为战略导弹SM-68A的“大力神”I 是一个两级、液体燃料火箭的洲际导弹，它采用无线电和全惯性制导，射程超过6000千米。鉴于“宇宙神”洲际弹道导弹设计为地面发射，“大力神”多数在发射井发射。

1959年2月，“大力神”导弹首次成功发射；1961年，战略空军司令部（SAC）在太平洋导弹靶场成功进行了31枚远程导弹试验；1962年，战略空军司令部第703战略导弹联队的两个中队开始装备“大力神”I，编号为HGM-25A；1965年，“大力神”I 被更大的射程达9300千米的“大力神”II LGM-25C逐步淘汰。编号中的“H”代表“A”模式，指发射井储存，地面发射；前缀“L”代表“C”模式，指发射井发射；“B”模式用于测试部分采用惯性制导的“大力神”I，但未部署。

在1961年11月首次测试后，“大力神”II 导弹于1963年6月部署到第570战略导弹中队。当年年底，战略空军司令部的6个中队各分配了9个导弹阵地，最终，“大力神”II生产了135枚。900万吨级的W53热核弹头是美国在冷战期间部署的最大的洲际导弹，且占了战略空军司令部

左图：1963年，麦康奈尔空军基地战略空军司令部第381战略导弹联队位于发射井中的LGM-25“大力神”II导弹。

右图：LGM-25“大力神”II导弹正从范登堡空军基地的地下发射井中发射起飞。

百万吨级导弹的1/4多，甚至“大力神”比“民兵”导弹还多1/10。“大力神”导弹的部署在1965年达到顶峰，当时战略空军司令部共部署了56枚LGM-25A和59枚CGM-25C。“大力神”I 退役后，“大力神”II 的部署量在1967年最多时达到了63枚。

由于维修保养问题，国防部在1981年开始执行退役计划，将剩余的56枚液体燃料“大力神”II紧急解除战备。1987年8月，阿肯色州小石城空军基地，最后一枚“大力神”II 退役，自此，只留下固体燃料的“民兵”作为美国的常规洲际导弹。

和“宇宙神”导弹一样，但不同于“民兵”导弹，“大力神”在很长一段时间内都继续作为空间运载飞行器，直至世纪之交。

下图：1981年3月，麦康奈尔空军基地第532战略导弹中队的一名空军一等兵技师正在维护“大力神”弹道导弹。

制造商：格伦·L.马丁公司

长度：103英尺（31.40米）

直径：10英尺（3.05米）

重量：330000磅（150000千克）

射程：9300英里（15000千米）

速度：15000英里/小时（24000千米/小时）

高度：600英里（960米）

制导系统：惯性制导（后来为通用航天导引系统）

推进系统：2个喷气式LR87（第一阶段），1个喷气式LR91（第二阶段，两个液体燃料火箭）

战斗部：W53热核弹头

首次测试时间：1958年

首次部署时间：1962年（型号名称为LGM-25C）

AIM-26“核猎鹰”

正如它的名字所示，AIM-26属于AIM-4“猎鹰”空-空导弹系列，是一个体型更大、装有核弹头的改进型。该项目起源于1956年，旨在发展一种挂载到轰炸机上的导弹，用以摧毁敌方飞行基地，它也用于摧毁敌方导弹基地和利用传统制导系统无法命中的快速移动目标。

第一批“核猎鹰”导弹的编号为XGAR-5和XGAR-6，前者采用半主动雷达制导，后者采用红外制导，不过这两种型号都未能投入生产，随着1959年雷达制导的XGAR-11项目的成立，该项目得以重新开始。1961年“核猎鹰”导弹进行了测试，一年后随着美国空军防空司令部拦截器GAR-11一起部署。

GAR-11A是GAR-11的补充，它装备常规弹头，且大多出口到瑞典，并在瑞典生产。1963年，GAR-11和GAR-11A重新编号为AIM-26A和AIM-26B。

常规弹头的AIM-26B一直在瑞典服役到20世纪90年代，由于1971年苏联轰炸机的威胁已经减小，而且制导技术的发展可以实现常规导弹对快速移动目标的攻击，美国的AIM-26A核导弹也逐步退役。

制造商：休斯飞机公司
长度：84英寸（2.14米）
直径：11英寸（0.28米）
翼展（尾翼）：24英寸（0.62米）
重量：200磅（92千克）
射程：10英里（16千米）
速度：2马赫
制导系统：雷达制导
推进系统：聚硫橡胶M60固体燃料火箭
战斗部：W54核弹头
首次测试时间：1960年
首次部署时间：1961年（型号名称为AIM-26A）

UGM-27“北极星”

从20世纪40年代中后期开始，美国海军开始评估潜射巡航导弹，并在后来部署了RGM-6“狮子座”I导弹。后续计划是研究能对苏联腹地实施战略核打击的潜射弹道导弹（独立于美国空军）。

受美国陆军“木星”中程弹道导弹（IRBM）的影响，美国海军要求洛克希德公司生产一种全新的舰射弹道导弹（FBM）或潜射弹道导弹（SLBM）。海军的“北极星”计划开始于1956年，而苏联海军在同年进行了第一次水下发射R-21弹道导弹的试验。因而“北极星”成为一个应急计划，意在研制第一个水下发射的洲际弹道导弹。

面对巨大的工程挑战，洛克希德在这一计划的开展方面相当顺利。1960年7

左图：1978年11月20日，战略导弹核潜艇“罗伯特·L.李”上，一枚UGM-27“北极星”A3弹道导弹发射瞬间。

月，第一代“北极星”A1导弹（之后的UGM-27A）首次实现从水下潜艇发射，4个月后首艘装备“北极星”导弹的潜艇开始执行巡逻任务。

1960年7月，在佛罗里达州卡纳维拉尔角，“乔治·华盛顿”号航空母舰发射了第一枚“北极星”A1，3个小时后发射了第二枚。

1959年，洛克希德公司开始研制“北极星”A2（UGM-27B），并在1960年11月完成首次测试，在1961年10月由第一艘核动力弹道导弹潜艇“伊顿·阿伦”号完成首次水下发射。由于A1和A2的直径都为54英寸，因此“北极星”在1962年6月装备到“伊顿·阿伦”号潜艇时选择了A2。

射程更远的“北极星”A3（UGM-27C）直径比A2小2英寸，因此也能适应A2的发射筒，和美国空军的陆基“民兵”导弹系列一样，“北极星”系列从单核弹头到多弹头都有涉及。

1962年8月，在卡纳维拉尔角，“北极星”A3导弹（UGM-27C）进行了首次试射，1963年10月，在“安德鲁·杰克逊”号潜艇上进行了首次水下试射，1964年9月，大西洋舰队“丹尼尔·布恩”号潜艇首先装备16枚“北极星”A3导弹，并担负巡逻任务。3个月后，“丹尼尔·布恩”号潜艇成为首个装备A3的太平洋巡逻潜艇。最终，A3/UGM-27C的改进型取代了此前所有的“北极星”系列，装备到美国海军潜艇。

1963年，英国皇家海军获准采购“北极星”导弹装备其弹道导弹核潜艇，意大利认为“北极星”更适合水面舰艇部署，不过该项目后来被终止，仅有一个巡洋舰拥有发射“北极星”导弹的能力。

1962年年初，洛克希德公司和美国海

右图　1980年5月19日，英国皇家海军在卡纳维拉尔角进行“北极星”导弹试射。

军合作进行潜射弹道导弹研究，用于突破苏联正在兴建的导弹防御系统，“北极星”B3的概念由此形成，该导弹的总重量有所增加，直径也扩大到74英寸。新系统包括热气体反应姿态控制系统，代号“邮差”。

B3可以装载单个或多个弹头，同时，美国航空和通用电气公司为“民兵”系列研发的Mk.12多目标再入飞行器也会应用于下一代“北极星”计划。其实当时关于是否只使用Mk.12，还是附加多个小弹头是有很大争议的，而后者由于被许多工程师比喻为“孩子”而广为流传，并获得了绰号“敏捷的鸟儿”。

1964年，美国海军决定为新型潜射弹道导弹编一个新的名字以区分早期的“北极星”系列，然后UGM-73“海神”C3导弹逐步占据了原先“北极星”B3的位置。

制造商：洛克希德导弹和空间公司
长度：32英尺4英寸（9.86米）
直径：4英尺6英寸（1.4米）
重量：35700磅（16200千克）
射程：2900英里（4600千米）
速度：8000英里/小时（13000千米/小时）
高度：500英里（800米）
制导系统：惯性制导
推进系统：喷气式（第一阶段）和大力士（第二阶段）固体燃料火箭
战斗部：3个W58热核弹头
首次测试时间：1960年（首次水下发射）
首次部署时间：1960年（型号名称为UGM-27C“北极星”A3）

AGM-28“猎犬”

作为空射巡航导弹，或者防区外攻击导弹，“猎犬”的设计和部署是为了扩展美国空军战略空军司令部轰炸机的攻击范围，以实现防区外打击敌方目标的能力。根据空军战略学要求，“猎犬”按标准来说属于未来流派的导弹。事实上，该导弹最初编号为“B”轰炸机系列的B-77，不过在部署时改为GAM-77。“猎犬”的前身是B-63（后来的GAM-63）“恶棍”，从技术上看，“恶棍”是美国空军第一型防区外导弹，不过它没能部署。

令人惊讶的是，“猎犬”的名称参考自杰瑞、利伯·迈克、斯托勒的一首歌曲，其同名歌曲在1956年被非常受欢迎的“猫王”演唱，目前尚没有证据显示有其他名字来源。

该项目由空军在1959年发起，与美国北方公司合作研制代号为131的导弹武器系统。由于X-10和SM-64的研制已经开始好几年了，“猎犬”导弹的研制大胆采

下图：GAM-77“猎犬”巡航导弹（后来的AGM-28）在西南沙漠进行低空飞行试验。

用了“纳瓦霍”弹道导弹项目先进的技术和经验，例如“猎犬”的惯性制导系统就由“纳瓦霍”制导系统改进得到。

1959年4月，XGAM-77试验弹第一次发射，4个月后，进行了首次空中发射，在年底，“猎犬”正式进入战略空军司令部服役。

作战使用时，两枚导弹由B-52轰炸机在同一翼下的挂架挂载。可在空中对800英里外的目标进行攻击，实现发射后自寻的。1963年，已有593枚编号为AGM-28A的“猎犬”进入战略空军司令部服役，最终，将近有500枚导弹经过缩小其雷达反射截面的改进后，编号为AGM-28B进行服役。

空军打算用更大的AGM-48“空中闪电”来代替“猎犬”导弹，但是该计划最终取消，到1975年时还部署有超过300枚“猎犬”导弹，1978年仍担负战备。

左图：加利福尼亚州唐尼市的美国北方公司空间和信息系统部，工厂车间大量的GAM-77（AGM-28）“猎犬”巡航导弹。

制造商：北美航空公司
长度：42英尺6英寸（13米）
直径：28英寸（0.7米）
翼展：12英尺（3.7米）
重量：10000磅（4500千克）
射程：700英里（1100千米）
速度：2.1马赫
实用升限：55000英尺（16800米）
制导系统：惯性制导
推进系统：普惠J52涡喷发动机
战斗部：W28热核弹头
首次测试时间：1959年
首次部署时间：1959年（型号名称为AGM-28B）

下图：AGM-28“猎犬”导弹的概念模型，标有战略空军司令部标志，远处的B-52飞机依稀可见。

MGM-29“中士”

和军衔一样，“中士”导弹作为更先进的一种战术地-地导弹淘汰了“下士”导弹，“中士”战术地-地导弹由“赫尔墨斯”计划改进，它和“下士”基本上是同时期的产品。

“中士”的初始编号为SSM-A-27，是红石基地研发、斯佩里生产的XM15炮射导弹，前后共生产大约500枚。“中士”于1956年首次试射，1962年开始部署。像“下士”一样，“中士”采用移动发射方式；与液体燃料的“下士”导弹不同，“中士”使用固体燃料发动机，这使得它更容易维护和展开发射，因为“下士”导弹发射前加注燃料就得耗时一个小时左右。

“中士”导弹在1963年重新编号为MGM-29A，于1977年从美军退役，1979年在德国联邦国防军退役。在20世纪60年代，“中士”曾作为侦察卫星运载火箭的助推器。

制造商： 斯佩里公司
高度： 34英尺6英寸（10.5米）
直径： 31英寸（0.8米）
重量： 10000磅（4570千克）
射程： 90英里（140千米）
速度： 1马赫
制导系统： 惯性制导
推进系统： 聚硫橡胶固体燃料火箭
战斗部： W52热核弹头
首次测试时间： 1956年
首次部署时间： 1962年（型号名称为MGM-29A）

美国陆军军士长正在观察MGM-29“中士”导弹。

MGM-29“中士”导弹及其发射架。

LGM-30“民兵”

“民兵”导弹是美国历史上最悠久的洲际弹道导弹（ICBM），是美国军工史上最重要的进攻型导弹系统，同时也是世界上第一个固体燃料洲际弹道导弹。相对于采用液体燃料的“宇宙神”和“大力神”导弹需要花一个小时来加注燃料，“民兵”导弹几乎是瞬间就可以发射。因此，从20世纪60年代到世纪之交，“民兵”导弹相比同时代美国早期的核威慑力量经受住了各种考验。

1958年“民兵”导弹开始研制，编号是SM-80；1963年编号改为LGM-30。1961年2月，第一代“民兵”I导弹首次亮相推出，1963年第一枚LGM-30A和LGM-30B“民兵”II导弹作为作战单元，开始部署到战略空军司令部蒙大拿州马姆斯特罗姆空军基地的第十导弹中队。同年年底，六个中队装备了全部650枚导弹中的首批372枚“民兵”I型导弹。

1964年射程更远的LGM-30F“民兵”II导弹开始测试。1965年，北达科他州大福克斯空军基地第321战略“民兵”II导弹大队组建。1967年春，有500枚LGM-30F在发射井担负战备。

LGM-30G“民兵”III具有装载多弹头（MIRV）的能力，每个“民兵”III导弹可装载3个当量为175～340千吨的弹头，每个弹头可攻击不同的目标。该最终型“民兵”导弹于1965年开始研制，1968年8月第一次试射。

上图：1978年6月，从范登堡空军基地03号发射场发射的“民兵”I导弹。

战略空军司令部的“民兵”I 导弹在1974年被“民兵”II或“民兵”III所取代时，其服役的总数量已达到999枚。到1977年，“民兵”III仍在生产，所有

下图：1980年在怀特曼空军基地，资深飞行员大卫·韦德和尤金·克拉克和警长凯文·科尼通电检查发射井中的LGM-30F“民兵”III洲际弹道导弹（ICBM）。

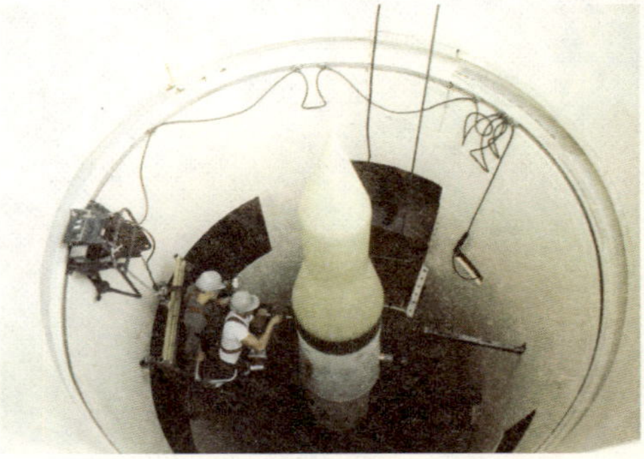

上图：1983年6月大福克斯空军基地，第321战略导弹联队的一名技术人员在“民兵”III洲际弹道导弹发射控制室。

“民兵”系列导弹的总数超过2400枚。

战略空军司令部对“民兵”导弹的部署在1978年达到顶峰，共有1180枚，包含9个“民兵”II中队和11个“民兵”III中队。尽管战略空军司令部研究了各种移动发射方案，尤其是铁路发射，但所有的“民兵”导弹依然采用发射井发射。1960年，在“大明星”计划的支持下，通过贯穿整个美国西部和中西部的测试列车，对从通信到路床振动等影响因素进行了评

左图：1985年马姆斯特罗姆空军基地，技术人员在维护LGM-30G“民兵”III洲际弹道导弹的多弹头。

左图：在范登堡空军基地“民兵”导弹运输装置竖起至45° 角度位置，准备卸载导弹入发射井。

估，结果显示铁路发射可行。但在1961年，美国国防部决定不再继续研究移动发射的“民兵”导弹。

近30年来，部署在全美国的“民兵”导弹每天24小时战备值班，一旦接到指令可立即发射。1991年，随着冷战的结束，美国总统乔治·布什正式降低了“民兵”导弹部队的战备等级。

在1992年和1993年，美国销毁了所有“民兵”II型导弹，同时在START II协议下，空军削弱了“民兵”III的多弹头能力，改装成单弹头。2000年后，仍有部署在广袤地区的450枚LGM-30C“民兵”导弹在担负战备，并由其附近的弗朗西斯·E.沃伦空军基地、马姆斯特罗姆空军基地和迈诺特空军基地指挥。

具有讽刺意味的是，LGM-30G“民兵”III被指定接替美国空军的LGM-118A“和平卫士”继续担负战备任务，而LGM-118A“和平卫士”发展的初衷本是用来替代“民兵”导弹的。

制造商：波音飞机公司
长度：59英尺10英寸（18.2米）
直径：5英尺6英寸（1.7米）
重量：78000磅（35000千克）
射程：8100英里（13000千米）
速度：15000英里/小时（24100千米/小时）
高度：700英里（1100千米）
制导系统：惯性制导
推进系统：聚硫M55（第一阶段），喷气式SR19（第二阶段），阿罗吉特聚硫橡胶SR73（第三阶段）固体燃料火箭
战斗部：3个W62或W78热核弹头（多弹头时），或者1个W87热核弹头
首次测试时间：1961年
首次部署时间：1963年（型号名称为LGM-30G）

左图：离大福克斯空军基地约60英里的LGM-30G“民兵”III导弹发射井，第321导弹维护中队导弹系统分析师斯蒂芬中士检查“民兵”III导弹。

MGM-31“潘兴”

“潘兴”是美国服役时间最久的固体燃料中程战术弹道核导弹（MRBM）。直至冷战结束，它一直是对抗苏联的最值得信赖武器。

在1956年，陆军开始评估固体燃料中程弹道导弹。1960年，结合XM14制导炮射导弹计划，开始测试导弹性能。1962年1月，“潘兴”导弹首次采用移动发射架试射，同年底，替代“红石”中程弹道导弹部署到作战部队。

右图：1982年白沙导弹靶场麦格雷戈发射场，正从发射架发射的MGM-31“潘兴”II导弹。

下图：1983年2月9日卡纳维拉尔角，MGM-31“潘兴”II研制工程项目第四次试验飞行。

1963年，“潘兴”导弹的编号确定为MGM-31。1970年，原来的“潘兴”I导弹被装有改进电子设备和发射系统的“潘兴”IA所代替。20世纪70年代，美军共生产了754枚“潘兴”I型和IA型导弹，以及180个移动发射架，其中大部分部署到欧洲，除少数与西德联邦国防军共同指挥外，大多数“潘兴”导弹由美国陆军指挥。

“潘兴”II的研制意在应对苏联的RSD-10（SS-20）中程弹道导弹，1977年的第一次测试表明其拥有更远的射程和携带小型核弹头的能力。在拥挤和混乱的中欧战场，“潘兴”II更加灵活好用。1984年年初，380枚“潘兴”II部署到西德。1974年，由于SALT II条约禁止部署新的发射系统，在美国陆军第56野战炮兵司令部领导下，对108枚“潘兴”IA发射系统进行了改造，并分配给三个“潘兴”导弹营。

根据1988年的《中程核力量条约》，“潘兴”导弹及苏联的RSD-10弹道导弹开始退役，截止到1991年，除去博物馆收藏外，其他导弹全部被销毁。

制造商：马丁·玛丽埃塔公司
长度：34英尺10英寸（10.6米）
直径：40英寸（1米）
重量：16500磅（7500千克）
射程：1100英里（1770千米）
速度：大于8马赫
制导系统：惯性制导
推进系统：“大力士”两级固体火箭
战斗部：W85热核弹头
首次测试时间：1962年
首次部署时间：1962年（型号名称为“潘兴”II）

下图：1987年白沙导弹发射基地麦格雷戈发射场，MGM-31“潘兴”II导弹准备发射。

MGM-32“英塔克”

美国陆军在1959年开始购买法国的SS-10有线制导反坦克导弹，这是一款基于第二次世界大战中德国X-7“小红帽”项目研制的导弹，由北方航空公司研发。同时，北方航空公司也在研制比法国更先进的有线制导反坦克导弹（“英塔克”或远程反坦克导弹）。美国陆军在对“英塔克”进行测试后，决定使用“英塔克”替代SS-10导弹。在1963年的编号系统中将淘汰的SS-10导弹编号为MGM-21A，“英塔克”导弹编号为MGM-32A。

1968年，MGM-32A“英塔克”导弹退役，取代它的是休斯公司生产的BGM-71“陶”反坦克导弹。

美国计划在本土生产“英塔克”导弹，但一直没有生产。到1974年，大约有140000枚“英塔克”导弹在法国和其他地方生产。

制造商：北方航空公司（1970年以后称航空航天公司）
长度：32英寸（0.8米）
直径：6英寸（0.15米）
翼展（尾翼）：15英寸（0.38米）
重量：27磅（12千克）
射程：6600英尺（2000米）
速度：190英里/小时（300千米/小时）
制导系统：有线制导
推进系统：两级固体燃料火箭
战斗部：高爆穿甲弹
首次测试时间：1959（美国陆军）
首次部署时间：1963（美国陆军）（型号名称为MGM-32A）

右图：1961年3月“红石”兵工厂，在箱内存放的MGM-32“英塔克”导弹。

MQM-33

MQM-33是美国国防部在1963年编入"M"导弹系列的第一款靶机，自1942年以来，雷金纳德·丹尼尔无线电飞机公司已生产一系列的军事靶机，MQM-33便是其中一员。当时美国陆军航空队开始使用字母"Q"为所有的无线电控制或遥控无人机以及靶机编号。第二次世界大战期间，成千上万以"OQ"编号的这种靶机作为无线电遥控制导的小目标使用，但是也有一小部分编号为"BQ"的无线电遥控航空炸弹。

1952年，无线电飞机公司被诺斯罗普联合公司收购，作为其无线电飞机分部（即后来的文图拉分部）。在1945年，无线电飞机公司的OQ-19靶机，后来演变为诺斯罗普公司的MQM-33靶机。OQ-19S交付美国陆军和空军后在20世纪60年代一直使用。20世纪80年代，它仍在国民警卫队中继续服役，同时，美国海军研发的OQ-19改进型编号为KD2R。

1963年，小型无线电控制飞行器被重新编号，统一使用"M"导弹编号，以便使所有无人飞行器拥有相同的代号，具有相同的地位。现有的OQ-19B和OQ-19D编号为MQM-33A和MQM-33B，海军的KD2R-5编号是MQM-36A，所有的改进型靶机统一作为基本训练靶机，其数量超过73000架。

制造商：诺斯罗普公司无线电飞机分部
长度：12英尺3英寸（3.7米）
高：2尺7英寸（0.8米）
翼展：11英尺5英寸（3.5米）
重量：320磅（145千克）
射程：200英里（320千米）
速度：230英里/小时（370千米/小时）
实用升限：25000英尺（7600米）
制导系统：无线电指令控制
推进系统：麦卡洛克活塞发动机
首次测试时间：1945年
首次部署时间：1946年（型号名称为MQM-33D）

右图：存放在机库内的诺斯罗普公司生产的MQM-33C靶机（前身为OQ-19B）。

BQM-34“火蜂”

“火蜂”是美国在20世纪生产和使用最为广泛的喷气式无人驾驶靶机。从1951年年初到21世纪，其生产超过7000架。“火蜂”被广泛用于遥控飞行器（RPV）执行各种任务，特别是作为靶机，比如在越战时曾作为无人侦察机，在2003年伊拉克“自由”作战行动中，作为无人诱饵机。

1948年，克劳德·瑞安——这个曾经建造了查尔斯·林德伯格“圣路易斯”和其他许多载人飞机的设计师创建了瑞安公司，公司与美国空军签订了XQ-2合同，为炮兵训练研制喷气推进式靶机。该靶机在1951年以“火蜂”的名称进行首飞，在美国空军和海军服役的编号分别为Q-2A和KDA-1。1958年12月，体型更大的Q-2C“火蜂”靶机首次亮相。1963年，BQM-34A出现。美国海军的KDA-1和KDA-2“火蜂”靶机随后也被编号为BQM-34B和BQM-34C。“火蜂”B系列靶机发射时可使用陆基、空中和海上多种发射平台。美国陆军使用的“火蜂”靶机都是陆基的，编号MQM-34D。过去的几十年中，也有许多其他的名称，如用于空中发射侦察平台的AQM和用于进攻作战平台的BGM。很多这种飞机在越南战争中执行侦查任务时都称作瑞安147，当时也称“萤火虫”。

1965年，超音速的瑞安166开始在美国海军服役，编号为BQM-34E。1968年1月，“火蜂”II首次飞行，1972年开始部署。1969年美国空军开始订购“火蜂”II，编号为BQM-34F。

早期的“火蜂”直到1982年停产，4年后，在里根政府授权下，“火蜂”又得以继续生产且编号为BGM-34S，“火蜂”的生产一直持续到2002年。

制造商：瑞安航空公司（1951—1969年），特里达因-瑞安航空公司（1969—1999年），诺斯罗普-格鲁曼公司（1999—2002年）

长度：22英尺11英寸（7米）

高度：6英尺8英寸（2米）

翼展：12英尺11英寸（4米）

重量：2500磅（1100千克）

射程：800英里（1300千米）

速度：0.9马赫

实用升限：60000英尺（18000米）

制导系统：无线电指令遥控制导

推进系统：大陆公司J68涡喷发动机

首次测试时间：1951年

首次部署时间：1951年（型号名称为BQM-34A和BQM-34S）

下图：2003年，在伊拉克“自由”作战行动中，BQM-34“火蜂”在开局阶段曾作为诱饵机使用。

AQM-35“火蜂”

1954年，在诺斯罗普无线电飞机公司正讨论研制小型、活塞发动机靶机之前，公司收到美国空军研发超音速喷气推进式无人机的合同，编号为Q-4。

与10年后瑞安公司生产的BQM-34E“火蜂”II被美国海军订购类似，Q-4计划由大型飞机在空中进行发射。该靶机自1956年投入空射试验后只有少数几次获得成功，有一种说法认为该空射靶机测试失败的原因是其飞行速度太快。

制造商：诺斯罗普公司
长度：35英尺4英寸（10.8米）
高度：6英尺2英寸（1.9米）
翼展：12英尺8英寸（3.9米）
重量：3400磅（1540千克）
速度：2马赫
实用升限：70000英尺（21000米）
制导系统：无线电指令遥控制导
推进系统：通用电气公司J85涡喷发动机
首次测试时间：1956年
首次部署时间：未曾部署

MQM-36“麻鸭”

“麻鸭”无人靶机最初的编号为KD2R-5，它是20世纪50年代美国海军订购的无线电遥控系列基础训练靶机（BTT）的一种。早期的KD2R-1到KD2R-4靶机，都被命名为“鹌鹑”，类似于美国陆军航空队和美国空军的OQ-19系列，它在1963年编号为MQM-33A。KD2R-5后来编号改为MQM-36A。“麻鸭”也是最复杂的一个改进型。在20世纪80年代后期，由于其先进的无线电制导和雷达反射特性，“麻鸭”仍然在生产使用。

制造商：诺斯罗普公司无线电飞机分部
长度：12英尺8英寸（3.85米）
高度：2英尺6英寸（0.8米）
翼展：11英尺6英寸（3.5米）
重量：400磅（180千克）
射程：210英里（340千米）
速度：230英里/小时（370千米/小时）
实用升限：27000英尺（8300米）
制导系统：无线电指令遥控制导
推进系统：麦卡洛克活塞发动机
首次测试时间：20世纪50年代
首次部署时间：20世纪50年代（型号名称为MQM-36A）

左图：陈列在英国伯恩茅斯航空博物馆，作为MQM-33和MQM-57姊妹型号的MQM-36“麻鸭”训练靶机。

AQM-37“强盗”靶机

像AQM-35和“火蜂”II一样，AQM-37“强盗”靶机的研制开发是为了满足空-空导弹对超音速无人机目标的需要。不像其他服务对象单一的无人机，它的研制始于1959年美国海军和空军的一个联合项目。1961年首次试飞时被海军命名为XKD2B-1，1963年后以AQM-37A的名称开始服役。“强盗”靶机在飞行试验时表现优异，速度可达4.7马赫，飞行高度能达到112000英尺。

经过评估，美国空军对AQM-37A失去了兴趣，但美国陆军却兴趣浓厚。“强盗”靶机曾出口到以色列、法国和英国等多个国家，意大利的“流星”公司还获得了生产“强盗”靶机的许可证。包括后来在21世纪交付的AQM37C和AQM-37D，“强盗”系列靶机共计生产了5000多架。

制造商：比奇飞机公司（雷神的分公司，1980—2007年）
长度：14英尺（4.3米）
高度：2英尺2英寸（0.7米）
翼展：3英尺4英寸（1米）
重量：620磅（280千克）
射程：113英里（180千米）
速度：4.7马赫
实用升限：超过10万英尺（30000米）
制导系统：无线电指令遥控制导
推进系统：洛克达因LR64液体火箭发动机
首次试验时间：1961年
首次部署时间：1963年（型号名称为AQM-37C）

1981年9月太平洋导弹试验中心，AQM-37A装载在A-6E飞机的机翼下。

AQM-38

AQM-38由诺斯罗普公司无线电飞机分部开发，初始编号为RP-76，是一种可回收、喷气推进式的无人机，用来作为美国陆军“奈基大力士”等地空导弹的靶标。它最早于1959年开始服役（由美国空军飞机发射），此后在1963年名字改为AQM-38A。美国海军把类似的型号RP-78编号为AQM-38B的名称服役，在20世纪70年代停产前一共生产了2000架左右。

制造商：诺斯罗普公司
长度：9英尺8英寸（2.95米）
高度：1英尺6英寸（0.46米）
翼展：5英尺（1.52米）
重量：300磅（136千克）
速度：0.9马赫（AQM-38B为超音速）
实用升限：60000英尺（18300米）
制导系统：预编程或无线电指令遥控制导
推进系统：航空喷气公司固体火箭发动机
首次试验时间：20世纪50年代
首次部署时间：1959年（型号名称为AQM-38A）

MQM-39“红雀”

MQM-39“红雀”靶机是为美国海军开发的一种低速、可回收靶机。在1957年具有V形尾翼的比奇飞机公司1001“红雀”首飞时名称是XKDB-1；两年后开始服役时型号名称改为KDB-1；在1963年编号为MQM-39A。到20世纪70年代，“红雀”靶机交付了1000架左右，美国陆军获得了其类似模型机1025并命名为MQM-61A。

制造商：比奇飞机公司（雷神的分公司，1980—2007年）
长度：15英尺1英寸（4.60米）
高度：3英尺4英寸（1.0米）
翼展：13英尺（3.964米）
重量：660磅（300千克）
射程：300英里（500千米）
速度：350英里/小时（560千米/小时）
制导系统：无线电指令遥控制导
推进系统：麦卡洛克活塞发动机
首次试验时间：1957年
首次部署时间：1959年（型号名称为MQM-39A）

下图：1963年，美国海军将RP-76可回收无线电模型靶机命名为AQM-38A。

MQM-40“萤火虫”

第二次世界大战后，存在时间不长的得克萨斯州沃斯堡环球公司迅速为美国海军建造了一系列廉价的靶机，包括KDG和KD3G“鹬鸟”、脉冲喷气驱动的KD2G“萤火虫”和KD4G“鹌鹑”。最后研发的KD6G-1“萤火虫”在设计上基于KD2G“萤火虫”，不同的是用活塞发动机替代了KD2G的脉冲喷气发动机，1963年左右KD6G-1被重新编号为MQM-40A。

制造商：环球飞机公司
长度：11英尺6英寸（3.5米）
高度：1英尺7英寸（0.48米）
翼展：11英尺6英寸（3.51米）
制导系统：无线电指令遥控制导
速度：265英里/小时（425千米/小时）
推进系统：麦卡洛克活塞发动机
首次试验时间：1951年
首次部署时间：1951年（型号名称为MQM-40A）

AQM-41“海燕”

“海燕”起源于美国海军的AUM-N-2“翠鸟C”，在1951年进行了首次试验，它是美国海军军械局从第二次世界大战期间反舰/反潜导弹“翠鸟”家族演变而来的靶机。因为产品生产效益不高，于1954年被移交给“仙童”公司，在1956—1959年期间，“海燕”被当作反舰武器投入生产，此后，又被改装成靶机并于1963年编号为AQM-41A。

制造商：仙童公司
长度：24英尺（7.32米）
翼展：13英尺2英寸（4.01米）
重量：3800磅（1700千克）
射程：20英里（32千米）
速度：375英里/小时（600千米/小时）
制导系统：半主动雷达制导（AUM-N-2），无线电指令制导
推进系统：仙童公司J44涡轮喷气发动机
首次试验时间：1951年
首次部署时间：1956年（型号名称为AQM-41A）

MQM-42“潜鸭”和“走鹊”

北美航空公司的验证机NA-273是一款可回收的超音速无人机，是为美国陆军MIM-23“霍克”地-空导弹开发的靶机。在1961年进行首次试验，服役时命名为 MQM-42A，并一直使用到20世纪70年代，“潜鸭”是高空型，“走鹊”是低空型。

制造商：北美航空公司
长度：24英尺10英寸（7.57米）
直径：12英寸（0.31米）
翼展：6英尺3英寸（1.91米）
重量：900磅（400千克）
射程：250英里（400千米）
速度：2马赫
实用升限：60000英尺（18000米）
制导系统：无线电指令遥控制导
推进系统：洛克达因公司固体火箭发动机，马夸特MA-74冲压发动机
首次试验时间：1961年
首次部署时间：1963年左右（型号名称为AQM-42A）

下图：1961年左右，MQM-42“潜鸭”/“走鹊”在白沙导弹靶场试射。

FIM-43“红眼”

在第二次世界大战期间，美国陆军地面部队的防空武器主要为50mm口径的机枪，战争结束后，军事部门开始寻求一种能够更有效抗击喷气式飞机的武器。根据现在我们的想法，最简单的答案就是能够用一个火箭筒大小的发射器发射超音速火箭弹，即使这样也经历了十多年的研究才得出这一结论。1958年，陆军部与通用动力康维尔分公司签约开始研发此类火箭弹。

“红眼”于1960年进行首次试验，最初的名称是XM41（后来改为XMIM-43A），并在一年后首次用发射筒进行发射。由于技术问题使得第一阶段的系统研究又回到了一张张重新设计的图纸，“红眼” 及其M171发射筒最终在1966年进行部署，FIM-43C属于第三阶段（Block

1963年左右，一枚刚发射的“红眼”导弹正在等待发动机点火。

上图：1982年美国海军陆战队约瑟夫·霍普金斯将军的简报中，记者们聚集在FIM-43“红眼”导弹的周围。

III）配置。

到1969年，共生产了大约85000枚“红眼”火箭弹，其中包括出口到丹麦和瑞典的部分。美国陆军于1982年开始淘汰“红眼”火箭弹，但其库存直到1995年才消耗完。改进的“红眼”II武器系统计划在1972年左右被性能更优异的FIM-92“毒刺”单兵便携式防空导弹所取代。

在20世纪80年代，小部分“红眼”和较多的“毒刺”交付给阿富汗游击队，他们在用于抗击苏联的飞机时都非常有效。

制造商：通用动力康维尔分公司
长度：4英尺（1.22米）
直径：2.75英寸（0.07米）
展宽（尾翼）：5.5英寸（0.14米）
重量：18.3磅（8.3千克）
射程：2.8英里（4500米）
速度：1.7马赫
实用升限：9000英尺（2740米）
制导系统：红外寻的制导
推进系统：大西洋研究所M115固体火箭发动机
战斗部：破片杀伤
首次试验时间：1960年
首次部署时间：1966年（型号名称为FIM-43C）

UUM-44“萨伯洛克”反潜导弹

潜射反潜导弹（“萨伯洛克”）计划是美国海军舰射反潜导弹（“阿斯洛克”）的补充。两种武器既可以携带核弹头远程作战，又兼容近程作战。该项目起源于20世纪50年代中期，在水下发射导弹的技术问题得到解决后，“阿斯洛克”于1961年、“萨伯洛克”于1965年分别进行作战部署。

“萨伯洛克”被认为是“M”系列的导弹，“阿斯洛克”则冠以“火箭”的名字RUR-5，因为它是一种非制导武器。在使用上，“阿斯洛克”可以充当一个远距离深水炸弹，其战斗部被火箭送到14英里远的目标处，理论上已舰处于爆炸破片的杀伤半径之外。“萨伯洛克”的作战范围大约是30英里。

“萨伯洛克”被设计为从攻击型潜艇鱼雷发射管发射。此后，其火箭发动机点火，它会飞出水面并飞到目标附近，然后再进入水中，下沉到目标高度时发生爆炸，这是一种用其他常规方法不能击毁目标时才会采用的武器。

右图：20世纪80年代，一枚UUM-44“萨伯洛克”导弹正在进行试射。

最终“阿斯洛克”和“萨伯洛克”都在1989年退役，“阿斯洛克”被垂直发射反潜导弹（VL）RUM-139所取代，计划中“萨伯洛克”型号的继任者——UUM-125“海长矛”，在20世纪80年代发展中遭受了许多挫折，并于1990年被取消。

制造商：古德伊尔宇航公司
长度：21英尺（6.40米）
直径：21英寸（0.53米）
重量：4000磅（1800千克）
射程：35英里（55千米）
速度：大于1马赫
制导系统：惯性制导
推进系统：“齐柯尔”TE260固体燃料火箭
战斗部：W55核战斗部
首次试验时间：1959年
首次部署时间：1965年（型号名称为UUM-44A）

1978年第12飞行中队A-7E“海盗”II飞机携带一枚AGM-45“百舌鸟”反辐射导弹和一枚AIM-9“响尾蛇”导弹。

AGM-45“百舌鸟”

“百舌鸟”反辐射导弹是由美国海军开发的一款用于抗击敌方防御雷达的具有开创性的反辐射（或反雷达）导弹（ARM）。该项目于20世纪50年代后期在海军武器中心开始研制，利用AIM-7“麻雀”空-空导弹和雷达制导系统进行配套。

AGM-45A“百舌鸟”反辐射导弹于1965年开始在美国海军服役，并在1966年被美空军采用。“百舌鸟”装备后立即在北越抑制敌方防空的战斗中得到广泛运用。配备了“百舌鸟”的飞机，如海军的A-4和空军的F-105S战斗机，通常最先进入目标区域，攻击敌方的“扇歌”雷达装置。空军把担负此任务的飞机称为“野鼬”，是现在仍然在使用的一个术语。

“百舌鸟”令人失望的25%打击成功率导致射程更远的ARM得到发展，如AGM-78和AGM-88反辐射导弹。然而，“百舌鸟”也继续使用，直到1992年在美国仍然有库存。“百舌鸟”反辐射导弹唯一真正出口过的国家是以色列，但英国在1982年马岛战争中为攻击阿根廷的防空雷达专门给“火神”战略轰炸机装备了一些“百舌鸟”导弹。

制造商：得州仪器公司
长度：10英尺（3.1米）
直径：8英寸（0.20米）
展宽（尾翼）：36英寸（0.9米）
重量：390磅（177千克）
射程：25英里（40千米）
速度：2马赫
制导系统：被动雷达制导
推进系统：航空喷气公司Mk.78固体火箭发动机
战斗部：破片杀伤
首次试验时间：1963年
首次部署时间：1965年（型号名称为AGM-45B）

下图：1979年在埃格林空军基地，一枚蓝色AGM-45A“百舌鸟”训练弹正安装在F-4“鬼怪”II飞机机翼下。

MIM-46“拳击手”

“拳击手”产生于20世纪50年代，它是为解决由自行防空导弹武器系统取代各型高射炮的问题而研制的一种防空导弹。由于高射炮不足以抵御高速攻击机，因此需要配备自行式防空导弹。

在前沿区域防空计划（FAAD）中，陆军考虑了几种可能并于1959年确定采用康维尔公司的提议，该系统在1960年被命名为“拳击手”，包括安装在M113装甲运输车上的9个发射箱。

发展问题造成MIM-46项目在1965年被取消，陆军不得不争夺其他项目，如MIM-72“小檞树”。

制造商：通用动力公司（康维尔波莫纳分公司）
长度：6英尺（1.83米）
直径：5英寸（0.13米）
展宽（尾翼）：13英寸（0.33米）
重量：120磅（55千克）
射程：5英里（8千米）
速度：2250英里/小时（3300千米/小时）
实用升限：20000英尺（6000米）
制导系统：半主动雷达制导
推进系统：洛克希德公司固体火箭发动机
战斗部：破片杀伤
首次试验时间：1960年
首次部署时间：未曾部署（型号名称为XMIM-46）

右图：XMIM-46A“拳击手”防空导弹由XM546履带式火力单元的M113发射箱进行发射，每个XM546装载9枚导弹，在发射箱内排成3行3列。

AIM-47“猎鹰”

AIM-47“猎鹰”最初称为GAR-9，是一种高性能、速度达到4马赫的空-空导弹。它既可以装备核战斗部，也能配置高爆战斗部。是在20世纪50年代后期用于装备到北美航空公司F-108“轻剑”的拦截弹，美国空军预计在20世纪60年代开始部署。“轻剑”计划在1959年取消，但GAR-9拦截弹项目继续进行。其地面试验开始于1961年，1962年5月在一架B-58“盗贼”超音速轰炸机上进行了第一次空中发射。

1963年改名为AIM-47A后，“猎鹰”被认为是装备于洛克希德YF-12A侦察机的A-12/SR-71“黑鸟”家族3马赫拦截器的变种。在YF-12A的飞行试验中带来极大的希望，但是随着F-12B系列产品的生产被取消，AIM-47项目也被取消了，后来的AIM-54“不死鸟”是AIM-47A计划的继承产品。

制造商：休斯飞机公司
长度：12英尺6.5英寸（3.85米）
直径：13.5英寸（0.34米）
展宽（尾翼）：33英寸（0.84米）
重量：818磅（370千克）
射程：大于100英里（160千米）
速度：4马赫
制导系统：主动式雷达导引头末制导
推进系统：洛克希德公司XSR13固体火箭发动机
战斗部：高爆或核战斗部
首次试验时间：1961年
首次部署时间：未曾部署（型号名称为XAIM-47A）

AIM-47A（原XGAR-9）“猎鹰”空-空导弹挂载于YF-12A飞机，它是由SR-71“黑鸟”改进来的一种拦截弹。

AGM-48“空中闪电”

很少有哪种导弹系统像“空中闪电”一样同时占据大西洋两岸报纸的头条新闻，围绕着这种武器是否停产的政治危机，多年来几乎一直影响着英国政府并损坏英美关系。

“空中闪电”的设想是在B-52上挂一个采用固体火箭发动机的弹道导弹，使采用喷气式的“猎犬”射程加倍。该导弹在20世纪50年代末名称为GAM87时已取得了一定发展，那时采用液体火箭的洲际弹道导弹，发射比较笨重且不可靠，还处于起步的阶段。对苏联进行核打击的最佳方式仍然是运用战略轰炸机，但苏联的空中防御能力，与西方的空中防御能力一样，迫使轰炸机只能飞行到防空区域的边缘地带。

特别指出“空中闪电”作为空射弹道导弹处于这样几个发展阶段，其中包括那些在空军武器系统199发展计划下的阶段。WS-199系统包括几种具有好听名字的固体火箭发动机原型，如麦克唐纳的“阿尔法德拉科”，马丁公司的“大猎户座”和洛克希德公司的“处女座”。这三种武器都是在1958-1959年进行的试射，但没有达到作战使用的目的。然而，“大猎户座”和“处女座”后来作为反卫星武器（见ASM-135）进行试验，空军对“空中闪电”的需求也是基于WS-199试验的经验。

美国空军对“空中闪电”的研发，引起了英国人的注意。为了保持自己的独立和最先进的核打击能力，英国在1960年5月同意采购“空中闪电”，并把它挂在自

下图：1961年8月，道格拉斯公司的XGAM-87A（后来称AGM-48）“空中闪电”在液压拖车上，旁边为B-52战略轰炸机。

己生产的“火神”轰炸机上。这个做法，使他们放弃了改善自己Avro蓝钢防区外导弹的计划。

在“空中闪电”试射失败和采用固体燃料的“民兵”洲际导弹承诺的背景下，美国国防部长罗伯特·麦克纳马拉支持“空中闪电”的态度也变得冷淡了。1962年12月19日，在麦克纳马拉选择该项目取消的同时，现在名称为XAGM-48A的导弹进行了第一次成功的空中发射。前一天晚上，在巴哈马群岛的一次会议上，约翰·F.肯尼迪总统曾告诉英国首相哈罗德·麦克米伦计划将取消。作为安慰，肯尼迪允许麦克米伦收购“北极星”潜射弹道导弹，这也可以说是英国皇家海军一个更好的选择。

制造商：道格拉斯飞机公司
长度 38英尺3英寸（11.66米）
直径 35英寸（0.9米）
展宽（尾翼）：5英尺6英寸（1.68米）
重量：11000磅（5000千克）
射程：1150英里（1850千米）
速度：9500英里/时（15300千米/时）
实用升限：300英里（480千米）
制导系统：惯性制导
推进系统：航空喷气公司的固体火箭发动机（两阶段）
战斗部：W59热核战斗部
首次试验时间：1962年
首次部署时间：未曾部署（型号名称为XAGM-48A）

LIM-49“奈基宙斯”／“斯巴达”

“奈基宙斯”／“斯巴达”项目是在里根政府提出战略防御倡议（SDI）20年前的一个弹道导弹防御项目。当时的设想是研发一个可以拦截苏联洲际导弹的导弹，而用“奈基大力士”来拦截苏联轰炸机。

1963年，设想针对敌人洲际导弹目标为优先级潜在目标的反弹道导弹“哨兵”计划被授权。作为该计划的一部分，开发了两型拦截导弹：道格拉斯公司的“奈基宙斯”，和马丁公司体积更小、动力更强的“玛丽埃塔·斯普林特”导弹。

“奈基宙斯A”由“奈基宙斯”演变而来，类似于“奈基大力士”导弹，它于1960年进行首飞，后来发展到全新第三阶段的“奈基宙斯B”于1961年首飞，并在未来两年的试验过程中成功截获一些惰性洲际弹道导弹再入弹头。1963年5月“奈基宙斯B”第一次成功摧毁了在外层空间轨道的一个目标。

“奈基宙斯B”演变成反应更快的“奈基X”和“奈基EX”（射程扩大），后来再发展为 LIM -49A“斯巴达”。在 1970年8月“斯巴达”对类似“民兵”导弹的飞行器进行了第一次成功拦截。

与此同时，在1969年尼克松政府取消了“哨兵”计划，但几个星期后，取而

代之的一个新的反导计划出现，称为“卫士计划”。这项新计划将继承奈基反导系统并最终部署，无论是LIM-49A“斯巴达”还是未部署的“斯普林特”导弹，其目的都是保护华盛顿特区和12个“民兵”洲际弹道导弹基地。

然而，在1972年的“反弹道导弹条约”中，美国和苏联协议每个国家只保留一个反导导弹基地。苏联选择留下一个保护莫斯科，而美国则保留了北达科他州的反导基地，因为它完成部署的时间最晚，该基地在1975年10月处于战备状态时有100枚导弹，但国会削减防御预算的计划几乎使其处于关闭状态。

左图：LIM-49A“斯巴达”/“奈基宙斯”导弹外观图。

在西太平洋，一枚“斯巴达”/“奈基宙斯B”导弹刚发射升空。

下图：1968年左右，技术人员正在对“斯巴达”/“奈基宙斯B”型导弹进行检查。

制造商：西电和麦道公司
长度：55英尺2英寸（16.79米）
直径：43英寸（1.09米）
翼展（尾翼）：9英尺10英寸（3.00米）
重量：29000磅（13100千克）
射程：460英里（740千米）
速度：4马赫
实用升限：350英里（560千米）
制导系统：无线电指令遥控制导
推进系统：聚硫橡胶固体燃料火箭（三阶段）
战斗部：W71热核战斗部
首次试验时间：1961年（“奈基宙斯”B）
首次部署时间：1975年（型号名称为LIM-49A）

RIM-50“龙卷风”LR

在20世纪50年代，美国海军主要依赖的舰载防空系统为“小猎犬”、“黄铜骑士”和“鞑靼人”。“龙卷风”系统计划在1958年发起，作为新一代防空系统，它采用的处理器运算速度更高，减少了系统反应时间，并能满足多目标跟踪的需求。用“龙卷风”LR（远程）取代“黄铜骑士”，“龙卷风”MR（中程）取代“小猎犬”和“鞑靼人”。LR最初设计时名称为SAM-N-8（RIM-50），而MR最初称为SAM-N-9，后来又改为RIM-55。

SAM-N-8“龙卷风”于1961年首次试飞，海军对其4马赫的速度表现很满意，在1963年年底该计划被取消，然后集中力量研制“宙斯盾”作战系统和RIM-66、RIM-67面空导弹。

制造商：邦迪克斯公司
长度：15英尺5英寸（4.7米）［带助推器：27英尺7英寸（8.4米）］
直径：16英寸（0.41米）
展宽（尾翼）：40英寸（1.02米）
重量（带助推器）：3620磅（1650千克）
射程：230英里（370千米）
速度：4马赫
实用升限：95000英尺（29000米）
制导系统：惯性制导
推进系统：邦迪克斯固体燃料冲压发动机助推器
战斗部：高爆，爆炸碎片或W60核战斗部
首次试验时间：1961年
首次部署时间：未曾部署（型号名称为RIM-50A）

MGM-51“标枪”

作为美国陆军使用范围广泛的战车武器系统计划的一部分，该系统研制开始于1958年。系统致力于开发能从移动平台发射的反坦克导弹，发射平台是像M551“谢里登”那样的轻型装甲、侦察和攻击坦克等空降装备。该型制导导弹编号为M13，命名为“标枪”，其设计适合于口径152毫米的M81发射筒。通过一个

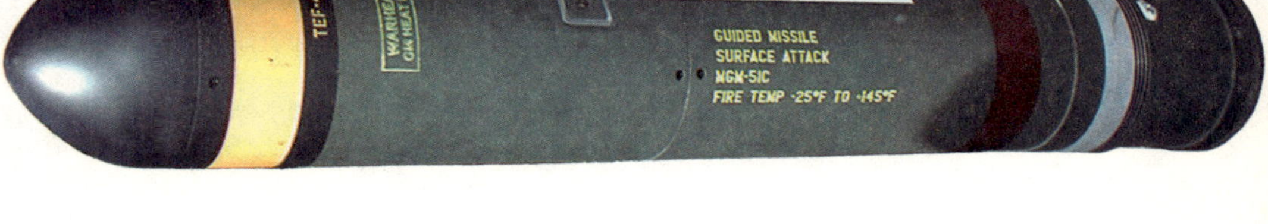

下图：MGM-51（最初称M13）“标枪”地对地激光制导导弹。

上图：M551“谢里登”上的M81发射筒，它用于发射制导的高爆反坦克炮弹以及“标枪”导弹。

右图：M551“谢里登”装甲战车发射MGM-51（M13）“标枪”瞬间。

电爆充电点火装置，点火后离开发射筒，M81发射筒还可以发射常规炮弹。

XM13“标枪”的首次试验发生在1960年，1964年以MGM-51A编号首次交付部队使用。虽然在未来十年MGM-51B和MGM-51C等改进型号陆续研制出来，但部署到越南的这些平台并没有装备“标枪”导弹，主要的原因是其射程有限，而且尺寸较大。由于尺寸较大导致只能携带少量的装备，在20世纪70年代，试验了使用M60A2坦克和其他平台进行“标枪”的发射。

截至1971年共生产了大约88000枚“标枪”导弹，谢里登/标枪组合在1991年的“沙漠风暴”行动期间对伊拉克防御设施的打击比较有限。

制造商：福特汽车公司航空航天部
长度：3英尺9.4英寸（1.15米）
直径：6英寸（0.15米）
展宽（尾翼）：11.5英寸（0.29米）
重量：61磅（28千克）
范围：1.9英里（3.06千米）
速度：3.5马赫
制导系统：红外信号链路
推进系统：阿莫科固体燃料火箭
战斗部：高爆战斗部
首次试验时间：1960年
首次部署时间：1964年（型号名称为MGM-51C）

MGM-52"长矛"战术地对地导弹

作为20世纪60年代初服役的战术导弹进行射程升级的一部分，美国陆军用"长矛"制导导弹来替代已经长期服役的MGR-1"诚实约翰"制导火箭炮，它不但可以装常规弹头，也能装核弹头。

在1965年XMGM-52A进行试验后，美国陆军决定研制射程更远的MGM-52B，接着在1971年完成了这种导弹的试验，陆军决定其弹药只装核炸药。第一个具有战斗力的"长矛"导弹营在1973年9月部署到欧洲，用来替代MGM-29"中士"导弹。在近二十年的服役过程中，一些MGM-52CS进行了常规弹头加装。此后在1992年大约有2000枚"长矛"导弹退役，被MGM-140短程弹道导弹所替代。

上图：1987年3月白沙导弹靶场两枚MGM-52"长矛"导弹由第12炮兵团1营发射升空。

制造商：凌·特姆科·沃特公司（LTV）
长度：20英尺（6.01米）
直径：22英寸（0.56米）
重量：2850磅（1290千克）
射程：75英里（120千米）
速度：3马赫
制导系统：惯性制导
推进系统：液体燃料火箭
战斗部：W70核战斗部或高爆战斗部
首次试验时间：1965年
首次部署时间：1972年（型号名称为MGM-52C）

左图：1967年，一枚XMGM-52B"长矛"地-地导弹在移动发射架上。

AGM-53“秃鹰”

“秃鹰”是美国海军开发的一种电视制导、远程空对地导弹。尽管该计划在1962年就已经开始，但由于技术问题推迟到1970年才进行首次飞行试验，因此预算费用大幅增加。由于预算的大幅增加，致使在1976年“秃鹰”投入作战使用前就被取消了。

制造商：罗克韦尔国际公司
长度：13英尺10英寸（4.21米）
直径：17英寸（0.43米）
展宽（尾翼）：4英尺5英寸（1.35米）
重量：2100磅（950千克）
射程：70英里（110千米）
速度：2.9马赫
制导系统：电视制导
推进系统：洛克达因固体燃料火箭
战斗部：高爆战斗部
首次试验时间：1965年
首次部署时间：未曾部署

下图：1972年5月，美国海军在中国湖基地试验期间，一枚AGM-53A“秃鹰”装载在A-6A“入侵者”飞机上。

AIM-54“不死鸟”

“不死鸟”在美军研制的空-空导弹中射程最远，它的历史可追溯至20世纪50年代后期，美国海军舰队防空系统计划用远程导弹来替代长航时的作战飞机，设想的载机为道格拉斯F6D，后来在1960年又被取消了。

国防部后来坚持说，海军准备采用多用途战术战斗机的一个改进型——试验机TFX，以F-111的名称服役。与此同时，原来导弹的设想是邦迪克斯公司的AAM-N-10“鹰”，后来因赞成休斯公司的AAM-N-11“不死鸟”而被取消，并在其中加入一些AIM-47“猎鹰”使用的技术。“不死鸟”的编号为XAIM-54A，第一次飞行测试在1965年进行。海军的TFX—— F-111B，在1969年被取消后，“不死鸟”导弹继续维持生产。

AIM-54A于1974年开始服役，装备

下图：1984年5月，一枚AIM-54A“不死鸟”空-空导弹安装在F-14A“雄猫”机翼下。

上图：1990年12月“沙漠盾牌”行动期间，AIM-54C“不死鸟”导弹在“萨拉托加”号航空母舰飞行甲板上。

于格鲁门公司的F-14A“雄猫”战机，海军专用舰艇拦截系统和舰载机携带“不死鸟”作战，该导弹的主要任务是抵御苏联空中发射的巡航导弹和攻击机。

与此同时，伊朗成为“雄猫”战机和“不死鸟”导弹的唯一出口客户，直到1979年伊朗伊斯兰革命后才停止交付。

虽然“不死鸟”导弹在美国海军服役30年，但直到20世纪80年代的两伊战争才在战争中使用，伊朗飞行员在战争中大约超过70次成功地用AIM-54A命中目标。

1986年之后经逐步改进为射程更远的AIM-54C，“不死鸟”一直在美国海军服役到2004年。伊朗现有也许还有库存，但具体数量不详。

右图：1989年，第211中队（VF-211）F-14A“雄猫”战机，携带6枚AIM-54“不死鸟”导弹。

制造商：休斯飞机公司（后来为雷神公司）

长度：13英尺2英寸（4.01米）

直径：15英寸（0.38米）

翼展（尾翼）：36.4英寸（0.93米）

重量：1020磅（462千克）

射程：90英里（150千米）

速度：5马赫

实用升限：100000英尺（30500米）

制导系统：主动和半主动雷达制导

推进系统：洛克达因或喷气飞机公司固体燃料火箭

战斗部：爆炸破片

首次测试时间：1965年

首次部署时间：1974年（型号名称为AIM-54C）

上图：1991年由日本横滨起飞的美国海军第21中队（VF-21）的F-14A“雄猫”战斗机发射AIM-54“不死鸟”导弹瞬间。

RIM-55“龙卷风”MR

在20世纪50年代，美国海军舰载防空主要依赖“猎犬”、“黄铜骑士”和“鞑靼人”系统。“龙卷风”计划作为下一代防空系统研制开始于1958年，其优点为提高计算速度，减少反应时间，并具有更好的多目标跟踪优势。美军逐渐用“龙卷风”LR（长距离）取代“黄铜骑士”，“龙卷风”MR（中等射程）取代“猎犬”和“鞑靼人”。LR最初定的名称为SAM-N-8（RIM-50），而MR最初名称是SAM-N-9，编号为RIM-55。

虽然SAM-N-8/RIM-50在1961年就进行了测试，但SAM-N-9/RIM-55却一直没有生产。由于“宙斯盾”作战系统和RIM-66和RIM-67面空导弹的存在，1963年年底“龙卷风”MR计划取消。

制造商：邦迪克斯公司
长度：15英尺6英寸（4.72米）
直径：13.3英寸（0.34米）
翼展（尾翼）：24英寸（0.61米）
重量：1700磅（770千克）
射程：47英里（75千米）
速度：4马赫
实用升限：90000英尺（27400米）
制导系统：惯性制导
推进系统：固体燃料火箭
战斗部：高爆弹头
首次测试时间：未曾测试
首次部署时间：未曾部署（型号名称为RIM-55A）

PQM-56

PQM-56是20世纪50年代后期最初由法国北方航空发展公司研制（1970年以后为航空航天公司）的CT.41超音速靶机的一个变异。由于美国海军对其很有兴趣，贝尔公司收购了它的生产许可证，并在20世纪60年代生产了少量的PQM-56。

制造商：贝尔公司
长度：32英尺1英寸（9.80米）
直径：20英寸（0.51米）
翼展：12英尺（3.66米）
重量（带助推器）：5620磅（2550千克）
速度：大于3马赫
实用升限：65000英尺（20000米）
制导系统：无线电指令遥控制导
推进系统：两个固体燃料冲压发动机助推火箭
首次测试时间：1959年左右（法国）
首次部署时间：1963年左右（美国海军）（型号名称为PQM-56A）

MQM-57“猎鹰人”

“猎鹰人”是起源于1955年MQM-33靶机的一个改进型侦察型。该无人机在1959年服役于美军无人侦察机部队且编号为SD-1。根据其制导方式的不同在1963年改名为 MQM-57A和MQM-57B，总计生产了大约1500架。“猎鹰人”一直服役到20世纪70年代，其载荷主要包括相机和闪光喷射器，也可以装载摄像机。

制造商：诺斯罗普公司
长度：13英尺4英寸（4.01米）
身高：2英尺7寸（0.79米）
翼展：11英尺6英寸（3.51米）
重量：430磅（195千克）
射程：100英里（160千米）
速度：185英里/小时（300千米/小时）
实用升限：15000英尺（4600米）
制导系统：自动驾驶仪与无线电控制备份制导
推进系统：麦卡洛克活塞式发动机，固体燃料火箭发射器
首次测试时间：1955年
首次部署时间：1959年（型号名称为MQM-57A或MQM-57B）

MQM-58“监察者”

“监察者”是1957年由罗姆制造公司生产的与MQM-57同时期的无人驾驶侦察机。与“猎鹰人”一样，采用活塞式发动机，但由固体燃料火箭发射，通过降落伞回收，“监察者”由美国陆军收购并编号为无人侦察机SD-2，1963年改名为MQM-58 。它生产的数量很少，使用时间短暂且有限。

制造商：罗姆制造公司（1959年后为航空喷气公司）
长度：13英尺5英寸（4.01米）
身高：2尺7英寸（0.798米）
翼展：11英尺6英寸（3.51米）
重量：1100磅（500千克）
速度：350英里/小时（560千米/小时）
制导系统：自动驾驶仪与无线电控制备份
推进系统：莱康明活塞式发动机，固体燃料火箭发射器
首次测试时间：大约1957年
首次部署时间：大约1959（型号名称为MQM-58A）

RGM-59“金牛座”

“金牛座”计划开始于1961年左右，并一直作为美国海军用于支援海军陆战队陆上攻击的两栖登陆舰的武器。在约翰·霍普金斯大学应用物理实验室开发的“金牛座”导弹能够从现有的RIM-2“小猎犬”发射装置发射。1965年该计划在仍处于设计阶段时就被取消了。

制造商：未生产
射程：58英里（93千米）
制导系统：惯性制导
推进系统：固体燃料火箭
战斗部：高爆
首次测试时间：未曾测试
首先部署时间：未曾部署（型号名称为RGM-59A）

下图：XQ-5（AQM-60A）是由X-7演变而来的。图中黄色部分是增压助推器，橙色部分是靶机。

AQM-60“翠鸟”

为了不与反舰/反潜导弹AUM“翠鸟”家族混淆，此“翠鸟”是后来洛克希德公司根据X-7冲压发动机研究衍生的无人驾驶靶机，1951年进行首飞。在成功试飞X-7的近十年中，美国空军获得了一些编号为XQ-5、速度3马赫的“波马克”拦截导弹的目标。美国陆军也用“翠鸟”来验证其“奈基大力士”防空导弹的性能，海军则用来测试其“黄铜骑士”导弹。具有讽刺意味的是“翠鸟”（1963年以后称AQM-60）对拦截弹来说速度太快，在20世纪60年代被国防部淘汰。

制造商：洛克希德公司
长度：38英尺（11.58米）
直径：20英寸（0.51米）
翼展：10英尺（3.05米）
重量：8000磅（3600千克）
射程：130英里（210千米）
速度：大于4马赫
实用升限：100000英尺（30000米）
制导系统：自动驾驶仪
推进系统：马夸特冲压发动机，固体燃料火箭助推器
首次测试时间：1951年（X-7）
首次部署时间：大约20世纪50年代后期（型号名称为XQ-5/AQM-60A）

左图：1959年左右，停在跑道上的XQ-5（后来的AQM-60A）“翠鸟”靶机。

MQM-61“红雀”

比奇公司的V形尾翼1001型号和1025“红雀”是类似的无人驾驶飞机，分别由美国海军和美国陆军装备。1001型号于1959年以编号KDB-1开始服役，但在1963年改名为MQM-39A。 型号1025于1958年开始服役，编号为MQM-61A，共交付了大约1300架。

制造商：比奇（1980年以后为雷神）公司
长度：15英尺1英寸（4.60米）
高度：5英尺4英寸（1.02米）
翼展：13英尺（3.96米）
重量：660磅（300千克）
射程：300英里（500千米）
速度：300英里/小时（500千米/小时）
实用升限：43000英尺（13000米）
制导系统：无线电指令遥控制导
推进系统：麦卡洛克活塞发动机
首次测试时间：大约1957年
首次部署时间：1958年（型号名称为MQM-61A）

AGM-62“白星眼”

AGM-62“白星眼”与GBU-1“铺路石”I在1965年同时开始研制，精确制导弹药（又名“智能炸弹”）的编号以制导炸弹（GBU）为前缀。然而，在1963年，“白星眼”智能炸弹被赋予导弹“M”的前缀，因为它是制导武器，尽管它没有动力。

“白星眼”是在加利福尼亚州中国湖海军武器中心开发的电视制导武器，开始于1963年，在1967年首次部署到海军飞机。其制导系统是视觉锁定后自主控制，让飞行员可以“发射后自寻的”。后来放弃了“M”标志。AGM-62A成为“白星眼”Mk.1和后来的改进型，包括扩展射程的“白星眼”I Mk.3继续服役。后来休斯公司生产的大尾翼和大常规弹头的改进型被称为“白星眼”II。其编号“白眼

下图：1978年白沙导弹靶场，安装在A-7“海盗”II飞机机翼上的AGM-62“白星眼”滑翔炸弹。

星” II Mk.6，装载了W72核弹头。延伸数据链路范围（ERDL）的“白星眼”家族中Mk.21“白星眼”I和Mk.23“白星眼”II于1975年开始。

“白星眼”主要用来对付北越，最初很不成功，尤其是在臭名昭著的清化大桥空袭中。在后来的改进型号中，针对数据链路以前的缺点进行了完善。“白星眼”在1991年仍有库存并在“沙漠风暴”行动中使用。

制造商：马丁·玛丽埃塔（“白星眼”I），休斯飞机公司（“白星眼”II）
长度：11英尺4英寸（3.45米）
直径：1英尺（0.32米）
翼展（尾翼）：3英尺9.5英寸（1.14米）
重量：1125磅（510千克）
射程：19英里（30千米）
速度：0.90马赫
制导系统：电视制导
推进系统：无
战斗部：高爆弹头
首次测试时间：1963年
首次部署时间：1967年（型号名称为AGM-62A）

左图：1994年2月，从海军航空作战中心起飞的A-6E“入侵者”发射“白星眼”II瞬间。

AGM-63

由于美国海军正在进行研制超过AGM-45“百舌鸟”4倍射程的反辐射导弹计划，AGM-63这个项目被搁置到1963年。还没有完成原型设计时，该项目就被取消，这个编号也没有重新分给其他型号。美国空军也有类似目标的计划，编号为AGM-76，可以由AIM-4“猎鹰”携带。

AGM-64“大黄蜂”

“大黄蜂”的开发，是为满足美国空军空中发射反装甲武器的需求，该需求后来由同类规格的武器AGM-65“小牛”满足。该计划被终止前其原型XAGM-64A在1964年进行了首次测试。

制造商：北美航空公司
制导系统：光电电视制导
推进系统：固体燃料火箭发动机
战斗部：高爆
首次测试时间：1964年
首次部署时间：未曾部署（型号名称为XAGM-64A）

AGM-65“小牛”

在越南战争中早期制导空-地弹药的较差性能催生了“小牛”计划的出现，它成功地解决了以前的一些缺点。1972年服役时，“小牛”被美国空军、海军和海军陆战队广泛装备。“小牛”导弹共生产了75000枚，在21世纪，“小牛” 在美国仍然有库存。“小牛”也一直服役于大多数北约空军，智利、埃及、匈牙利、印度尼西亚、以色列、日本、约旦、韩国、马来西亚、摩洛哥、新西兰、巴基斯坦、波兰、新加坡、瑞典、中国台湾和泰国，以及伊朗（在1979年革命后停止交付）。

该武器的开发最初是作为冷战时代的一个“坦克克星”，并广泛使用，在1991年和2003年对伊拉克目标的打击成功率很高，尤其是装甲装备。

截止到1978年生产的第一代AGM-65A和AGM-65B“小牛”导弹使用的是光电电视制导，作战时可以锁定目标后做到“发射后不管”。AGM-65C在1978年推出，是半主动激光引导方式，在1985年被AGM-65E取代，具有更经济的激光制导系统以及改进的弹头和电机。

AGM-65D在1983年开始服役，同时“小牛”家族的分支开始使用红外搜

上图：2004年5月希尔空军基地附近，第522战斗机中队的F-16C正在向位于犹他州的目标发射AGM-65H“小牛”空-地导弹。

下图：地面机务人员正在将AGM-65B“小牛”空-地导弹装载到A-10上。

上图：2007年7月18日，波斯湾“尼米兹”号航空母舰上，美国海军航空军械飞行员科里·史密斯将一枚“小牛”导弹装在F/A-18“大黄蜂”飞机上。

索。在后来的十年中又逐渐被美国海军的AGM-65F和空军的AGM-65G取代了，这两者都结合了AGM-65D的制导性能和AGM-65E的其他性能。在世纪之交停止生产后，一些早期的“小牛”特别是AGM-65K，在电荷耦合器件设计下改造为不同型号。

制造商：休斯飞机公司（1997年后为雷神公司）

长度：8英尺2英寸（2.49米）

直径：12英寸（0.30米）

翼展（尾翼）：2英尺4英寸（0.71米）

重量：670磅（300千克）

射程：17英里（27千米）

速度：大于1马赫

制导系统：多种制导方式（见正文）

推进系统：聚硫橡胶或阿罗吉特固体燃料火箭

战斗部：穿甲爆炸碎片

首次测试时间：1969年

首次部署时间：1972年（型号名称为AGM-65F和AGM-65G）

RIM-66“标准”MR

20世纪50年代末，美国海军寻求一种全面的舰载防空导弹系统，以取代第一代“小猎犬”、“黄铜骑士”和“鞑靼人”导弹。开始的尝试是“龙卷风”导弹武器系统，包括RIM-50远程和RIM-55中程两种导弹，这项计划因“宙斯盾”作战系统（ACS）的开展于1963年终止。

ACS包括一个集成的指挥与决策系统，通过强大的计算机链接AN/SPY-1雷达和各种武器，包括密集阵关闭武器系统（CIWS）发射装置和“标准”导弹，后者包括RIM-66“标准”MR和RIM-67“标准”ER，这是基本相同的两种导弹，尽管RIM-67装有扩爆器。

虽然“标准”导弹是“宙斯盾”防御系统的一个组成部分，不过它也被部署到美国非“宙斯盾”海军舰艇上，取代现有的“鞑靼人”导弹，仍然使用“鞑靼人”火力控制系统。非“宙斯盾”导弹称“标准导弹I”（SM-1MR），而ACS RIM-

下图：漆成蓝色的RIM-66 MR/SM-2“标准”训练弹在Mk.26发射装置上。

66导弹名称为“标准导弹II”（SM-2MR）。（见附录4标准家族的概述）

YRIM-66导弹的测试开始于1965年，RIM-66A“标准”导弹（SM-1MR）1967年开始服役。在随后的生产中又进行了大量改进，大范围升级目标的范围 RIM-66B的推进系统和反应时间都有改进。与此同时，“宙斯盾”标准导弹（SM-2MR）服役，1979年首次部署时编号为RIM66C，后来又部署了RIM-66D。

SM-1MR导弹最终的改进型是RIM-66E，1983—2003年服役于美国海军，并出口到国外部署。“标准”导弹和ACS仍然服役于美国海军、澳大利亚海军、日本、韩国，以及北约成员国德国、荷兰、挪威和西班牙。

在SM-2MR的改进型中，RIM-66L（使用Mk.26发射装置）和RIM-66M（使用Mk.41发射装置）进入21世纪后仍然在生产，并部署到日本、德国和荷兰的舰队以及美国海军。

在1988年7月，霍尔木兹海峡上的“宙斯盾”巡洋舰用两枚SM-2MR“标准”导弹击落了一架伊朗航空公司客机，此后“宙斯盾”舰组声称，他们把空中客车A300B2客机误认为是伊朗空军的F-14战机了。

直到1992年，“标准”导弹一直由通用动力公司波莫纳部门生产，被休斯公司收购后，接着与雷神公司共同生产“标准”导弹。在1997年，雷神公司购买了休斯导弹部。

上图：1983年3月在大西洋，Mk.26发射装置上的白色RIM-66“标准”导弹被宙斯盾级导弹巡洋舰“提康德罗”号发射前。

虽然“标准”导弹是作为舰空导弹开发的，为对抗敌方舰艇它也拥有一定的舰对舰能力。

制造商：通用动力公司，（后来休斯公司，现为雷神公司）
长度：15英尺6英寸（4.72米）
直径：13.5英寸（0.34米）
翼展（尾翼）：42.3英寸（1.07米）
重量：1560磅（700千克）
射程：46英里（75千米）
速度：3.5马赫
实用升限：80000英尺（24400米）
制导系统：惯性制导和半主动雷达导引头末制导
推进系统：固体燃料火箭
战斗部：爆炸碎片
首次测试时间：1965年
首次部署时间：1967年（型号名称为ACS SM-2改进型）

RIM-67“标准”ER

RIM-67“标准”导弹是上一节所讨论的RIM-66“标准”中程导弹（MR）扩展射程（ER）后改进的，主要区别是ER型号有一级助推火箭。RIM-66“标准”导弹取代了早期的RIM-24“鞑靼人”，而RIM-67取代了射程更远的RIM-2“小猎犬”。这两种导弹都有“标准I”（SM-1MR）和“标准II”（SM-2MR）两个版本，后者是“宙斯盾”作战系统（ACS）的一部分。

直到1992年，“标准”导弹一直由通用动力公司波莫纳部门生产，被休斯公司收购后，然后与雷神公司共同生产“标准”导弹。在1997年，雷神公司购买了休斯公司导弹部。

RIM-67A（SM-1ER）和RIM-67B（SM-2ER）在1980年左右开始服役，比相应的“标准”MR导弹晚了10年，它的继任者是Block II RIM-67C（SM-2ER），带有“凯利”Mk.70助推器，射程范围从40英里扩大到115英里。

1999年以后，RIM-67C改为垂直发射的RIM-156A（SM-2ER Block IV型）“标准”ER增强型，并最终被RIM-174（SM-6）“标准”ERAM取代。RIM-156A和同类的RIM-161A（SM-3）“标准”导弹都有拦截弹道导弹的能力，本书的后面将讨论这些导弹型号（见附录4“标准”家族的叙述）。

制造商：通用动力公司（后为休斯公司，现为雷神公司）
长度：26英尺2英寸（7.98米）(带助推器)
直径：13.5英寸（0.34米）
翼展（尾翼）：42.3英寸（1.07米）
重量：2960磅（1340千克）
射程：115英里（177千米）
速度：3.5马赫
实用升限：80000英尺（24400米）
制导系统：惯性制导和半主动雷达导引头末制导
推进系统：固体燃料火箭，固体燃料助推器
战斗部：爆炸碎片
首次测试时间：1965年（RIM-66“标准”）
首次部署时间：1980年（型号名称为RIM-67C SM-2ER）

左图：1983年3月，RIM-67“标准”SM-2ER装在USS“马汉”导弹驱逐舰的弹仓里。

AIM-68“羽蛇”

1963年，美国空军开始着手研制非制导的空对空AIR-2“精灵”核拦截弹的升级产品，这项工作是在新墨西哥州科特兰空军基地的空军武器实验室内完成的。它计划使用与AIM-4“猎鹰”改进型相似的制导系统，有效载荷大约半吨，大小是“精灵”弹头的三分之一。当时的设想是较小的爆炸半径将使飞行员更容易攻击近距离的目标。

1965年在白沙导弹靶场对稍作改进的“羽蛇”导弹进行了试射，以绰号“小Q”命名。较大规模改进的“羽蛇”称为“大Q”，一直没有投入生产，因此“AIM-68”这个编号并没有被正式分配。

制造商：美国空军武器实验室
长度：9英尺7英寸（2.92米）
直径：14英寸（0.35米）
翼展（尾翼）：21英寸（0.53米）
重量：500磅（225千克）
射程：40英里（65千米）
速度：4马赫
制导系统：半主动雷达和红外导引头
战斗部：W30核弹头
首次测试时间：1965年（“小Q”）
首次部署时间：未曾部署（型号名称为AIM-68）

AGM-69近程攻击导弹（SRAM）

孕育于1964年作为AGM-28“猎犬”继任者的近程攻击导弹（SRAM），是用于“对峙”作战的核武器，它能使战略空军司令部的轰炸机攻击防御能力较好的敌方目标，而不用担心防空系统的反击。

近程攻击导弹的射程远小于“猎犬”，但由于体积小可以携带数量更多。它可以像“猎犬”或最近终止的“空中闪电”导弹一样，挂载于B-52翼下，以及存放于B-52弹舱内部。近程攻击导弹也可被FB-111挂载，后来演变为名称是B-1A的先进载人战略飞机计划（AMSA）的火箭使用。

AGM-69A 近程攻击导弹在1969年7月首次试飞，1972年装备到SAC B-52轰炸机开始服役，截至1975年波音公司共生产了约1500枚这种导弹。作战使用上，B-52轰炸机舱内一个旋转发射装置可以携带8枚AGM-69As，外部可携带12枚——“猎犬”导弹只有2枚，FB-111可以携带6枚。AGM-69B（SRAM B）

右图：1989年10月，陈列在皮斯空军基地的两枚AGM-69 SRAM导弹。

是为B－1A飞机开发的，当B－1A于1978年被取消时，这种火箭也随之取消。

1975年达到高峰时有1451枚导弹，当它们在1990年退役时国防部库存仍有上千枚。一年后，升级版的AGM－131 II 近程攻击导弹计划也被取消。

制造商：波音飞机公司
长度：15英尺10英寸（4.86米）
直径：17.5英寸（0.45米）
翼展：2英尺6英寸（0.76米）
重量：2230磅（1000千克）
射程：100英里（160千米）
速度：3.5马赫
制导系统：惯性制导
推进系统：洛克希德公司两级固体燃料火箭
战斗部：W69热核弹头
首次测试时间：1969年
首次部署时间：1972年（型号名称为AGM－69A）

右图：1984年4月，AGM－69近程攻击导弹和Mk.28热核弹头在埃尔斯沃思空军基地一个B－52H“同温层堡垒”弹药舱内。

下图：1985年11月在埃尔斯沃思空军基地，战略空军司令部组织的作战武器比武中，一维护标准和评价小组检查员考核第380炮击团队的成员从导弹运输车上解开AGM－69 SRAM训练导弹。

LEM－70应急火箭通信系统（ERCS）

“LEM”的意思是“筒射电子导弹”，是“民兵”洲际弹道导弹的一个改进型，在其编号“70”和前缀“LEM”还未正式确定时，有关其是否部署的质疑就很多。这种导弹具有应急火箭通信系统（简称ERC），即地面网络可能被核打击摧毁时，通过网络连接国家指挥部、战略空军指挥控制中心和发射场。ERCS存在于20世纪60年代末和90年代初，即现代通信卫星具有作战能力之前的时代。

当时的想法是这些部署于中西部的全天候导弹，在国防部控制下能够在紧急时立即发射。第一代ERCS，可以追溯到20世纪60年代初，使用非制导的MER－6A蓝盔发射车，此后改进的“民兵”II发射车在1967年左右服役。

共有关性能参数，请参阅LGM－30“民兵”导弹。

下图：美国空军国家博物馆内的应急火箭通信系统视图。

BGM-71“陶”（TOW）

上图：1998年3月在皮克特堡，上等兵洛佩兹和他的队友正在发射“陶”导弹。

从20世纪50年代开始，美国陆军陆续从法国北方航空公司购买小型单兵便携式、有线制导的反坦克导弹系统，到MGM-32“英塔克”出现时达到最高峰。在1963年，他们与一家美国公司签约，专门开发符合其要求的导弹，所生产的“陶”是本书所介绍的导弹中生产和部署数量最多的一种，到20世纪末总共交付了7500个火力单元。

采用管式发射、光学跟踪和有线制导的“陶”（TOW）导弹最初是由休斯公司开发，它既能从直升机发射，又能由地面车辆发射。BGM-71A在1968年开始生产，1970年开展部署。它在1972年5月的越南战争中第一次使用，美国陆军用UH-1休斯直升机发射的“陶”（TOW）导弹摧毁了北越的坦克。“陶”（TOW）在冷战时期也被部署到欧洲和韩国，并曾在1991年和2003年的海湾战争中使用。

射程更远的BGM-71B于1976年面世，此后的改进型BGM-71C“陶1”在1981年服役，具有更好的穿甲能力。新一代的“陶2”导弹由美国陆军和海军陆战队使用，其弹头杀伤能力得到进一步增强，其中包括1983年的BGM-71D（TOW2）、1987年的BGM-71E（TOW2A）、1992年的BGM-71F（TOW2B）和2001年之后交付的BGM-71H“碉堡克星”。经过长期以来各种无线制导系统的数次试验，具有无线电链路制导系统的TOW2B“航空”导弹在2006年开始服役。

左图：1999年6月17日，来自第26海军陆战队远征队（MEU）的一名下士用MGM-71“陶”导弹瞄准镜观察运动在科索沃切尔尼卡附近的隐藏目标。

制造商：休斯飞机公司（1997年后为雷神公司）
长度：5英尺（1.5米）
直径：6英寸（0.15米）
翼展（尾翼）：17.7英寸（0.45米）
重量：50磅（22.6千克）
射程：2.33英里（3.75千米）
速度：680英里/小时（1100千米/小时）
引导系统：光学跟踪，有线数据链路
推进系统：大力士固体燃料火箭
战斗部：破甲弹
首次测试时间：1963年
首次部署时间：1970年［型号名称为BGM-71E（TOW 2A）和BGM-71F（TOW 2B）］

上图：2003年7月22日在伊拉克摩苏尔，第101空降师（空中突击）部队向萨达姆·侯赛因的儿子乌代和库赛·侯赛因所在的大楼发射“陶”导弹。

下图：2005年7月日本富士的海军陆战队基地，第四陆战团的海军一等兵肖恩·席尔瓦特里发射HUM-V型“陶”导弹瞬间。

MIM-72“小槲树”

由于昂贵的价格和令人失望的性能，采用雷达制导的MIM-46“拳击手”导弹项目被取消，1965年，美国陆军的前沿防御系统（FAAD）计划根据红外制导的AIM-9“响尾蛇”空-空导弹研制出陆基发射的版本。实际上，MIM-72“小槲树”的性能与AIM-9D“响尾蛇”基本相同。

在1967年XMIM-72As“小槲树”导弹进行了首次评估，可作战使用的导弹在1969年部署到机动发射车上，导弹装备于M730履带车上的M54四通道发射架。在1976年引入战斗部和制导系统经过改进的MIM-72C之前，大约生产了10000枚MIM-72A和MIM-72B训练弹。

后来的改进型与MIM-72C相比只是进行一些细微的变化，MIM-72E和MIM-72F采用尾焰辐射较小的发动机，MIM-72G的有线扫描导引头具有红外对抗功能，MIM-72H的出口型是MIM-72F，MIM-72J的出口型是MIM-72G。

一枚MIM-72“小槲树”导弹从安装在M730履带车上的四通道发射装置发射。

美国海军经过评估最终拒绝部署海基的RIM－72C“海榭树”改进型，不过中国台湾海军却需要这种导弹，另外，它出口的国家（地区）还包括智利、埃及、以色列、摩洛哥和突尼斯，总的出口量达到20000枚。

在20世纪90年代，美国军队减缓采购“小榭树”导弹，转而支持以FIM－92‘毒刺”为基础的“复仇”导弹系统。

制造商：飞歌航空公司（福特公司分部）
长度：9英尺6.5英寸（2.91米）
直径：5英寸（0.13米）
翼展（尾翼）：24.8英寸（0.63米）
重量：190磅（86千克）
射程：5.7英里（9千米）
速度：1.5马赫（1100千米/小时）
实用升限：10000英尺（3000米）
制导系统：红外制导
推进系统：大力士固体燃料火箭
战斗部：破片式爆炸
首次测试时间：1966年左右
首次部署时间：1969年（型号名称为MIM－72C和MIM－72G）

UGM－73“海神”C3

1965年1月，为了继承发展UGM－27“北极星”家族中的潜射弹道导弹（SLBM），美国海军正式启动了“海神”发展计划。在“北极星”B3基础上，经过几年的持续研究，最终研制出了“海神”C3导弹，并且与以前的舰载弹道导弹相比有很大的不同。

与“北极星”一样，“海神”导弹采用两级固体燃料火箭发动机，但是它比最重的“北极星”还要重15吨。其74英寸的直径比“北极星”家族最后部署的A3长20英寸，并且要比“北极星”A3高10%。此后，海军工程师在美国海基弹道导弹的基础上重新设计了更大型的武器。

“海神”导弹第一次测试发射发生在1968年8月的卡纳维拉尔角，在1970年7月17日詹姆斯·麦迪逊号潜艇上进行了第一次成功的水下发射。UGM－74A在1971年

左图：1979年3月23日，UGM－73“海神”导弹在第69次发射时，由战略导弹潜艇“约翰·卡尔·霍恩”号进行水下发射。

3月开始部署到詹姆斯·麦迪逊潜艇上。

"海神"导弹的生产一直持续到1978年，生产总数大约超过了600枚。从1979年开始UGM-96"三叉戟"C4导弹开始逐步替代UGM-74A，在1992年最后一枚"海神"导弹退役。

制造商：洛克希德导弹与航天公司
高度：34英尺1英寸（10.39米）
直径：6英尺2英寸（1.88米）
重量：64400磅（29200千克）
射程：3300英里（5275千米）
速度：8000马赫（12900千米/小时）
实用升限：500英里（800千米）
制导系统：光学制导
推进系统：大力士/聚硫橡胶固体燃料火箭（一级），大力士固体燃料火箭（二级）
战斗部：10个W68核弹头
首次测试时间：1968年
首次部署时间：1971年（型号名称为UGM-73A）

1979年5月，一枚UGM-73"海神"C3弹道导弹由核动力战略导弹潜艇USS"尤利塞斯·格兰特"号发射升空。

MQM-74/BQM-74"石鸡"

"石鸡"本来是一种居住在美国中西部以勇敢著称的鸟的名字，在第二次世界大战期间，无线电飞机公司开始了"雄蜂"家族最后一种型号"石鸡"的研制，这个家族包括MQM-33和MQM-36"麻鸭"。为了满足美国海军关于空中对抗飞机和导弹训练的目标需求，美国海军在1964年开始研制"石鸡"喷气式推进导弹。

第一枚MQM-74As"石鸡"导弹在1968年交付部队，这种导弹可以借助火箭助推系统从舰艇上发射，其改进型MQM-74B经过评估后没有进行大规模的生产。1974年年初，美国海军开始研制飞行更快、射程更远的MQM-74C"石鸡"Ⅱ导弹。在20世纪70年代末期，为了更好地应对顶级秘密侦察飞机，美国陆军和空军研制了"石鸡"Ⅱ导弹。陆军版的BQM-74D型导弹设计出来后，由于产品的模型问题难以生产出来，空军的版本只是经过TEDS机构评定过。

同时，诺斯罗普公司生产了相当数量

下图：一枚BQM-74"石鸡"导弹在太平洋上空飞行。

的BQM−74C导弹，编号为“BQM”是因为它能像在地面发射一样进行空中发射。BQM−74C和“石鸡”Ⅲ一样有名，诺斯罗普使用这个名字作为该家族中基本的出口型版本。1984年，北大西洋公约组织国家首次部署“石鸡”Ⅲ导弹，在世纪之交，“石鸡”Ⅲ导弹至今仍然在法国、巴西、英国、日本、中国台湾和新加坡服役。为了满足国外用户的需求，诺斯罗普公司共生产了1150多枚“石鸡”导弹。

为达到侦察目的，BQM−74C安装了一种可选的机载视频系统，能够像在地面发射一样进行空中发射，更轻的空基发射型号有超过500英里的射程。随着BQM−34的点火发射，“石鸡”Ⅲ在洛克希德DC−130航空母舰上进行了空中发射。在沙漠风暴行动中，BQM−74Cs也进行了作战使用，从过去的报道中可以看出，它经常成功使用诱饵飞行器导致伊拉克的空中攻击火力偏离所要打击的飞行器。

大约共生产有3200枚MQM−74A和 MQM−74C，在世纪之交，约有2000枚BQM−74C和速度更快、射程更远的BQM−74E交付部队使用。

2003年第二次海湾战争期间，BQM−74s在箔条干扰时的良好作战性能，加速了性能更先进的BQM−74F研制计划，BQM−74F在2005年9月进行了第一次飞行试验。

下图：一架DC−130“母机”携带一枚BQM−74“石鸡”导弹进行空中发射。

制造商：诺斯罗普（文图拉部），之后为诺斯罗普格鲁曼公司
长度：12英尺11.5英寸（3.95米）
直径：13.9英寸（0.35米）
翼展：5英尺9.4英寸（1.76米）
重量（空中发射）：465磅（221千克）
重量（地面发射）：595磅（270千克）
射程：735英里（1185千米）
速度：621马赫（1000千米/小时）
限高：40000英尺（12200米）
制导系统：无线电控制或自主制导
推进系统：威廉姆斯J400涡轮喷气式
首次测试时间：1964年左右
首次部署时间：1968年（型号名称为BQM−74）

下图：2002年，美国海军航空机械师助理、飞行员哈马尔（右）和其他成员在第六混合中队导弹护卫舰USS“道尔”上装配BQM−74E“石鸡”导弹，准备每年一度的联合实弹演习。

BGM-75先进洲际弹道导弹（AICBM）

为了与道格拉斯SM-75（PGM-17）“雷神”导弹不混淆，在1966年给先进洲际弹道导弹AICBM项目分配了BGM-75这个编号。与120A导弹武器系统一样有名，AICBM的目标是设计一种能够最终取代“民兵”家族的导弹。BGM-75将在多分导战斗部（MIRV）上安装20个核弹弹头。代号中“B”表示它有多种发射方案被考虑，与那些“民兵”导弹一样，它们也具有坚固的发射井。

1967年先进洲际弹道导弹（AICBM）计划被取消，在1972年MX项目研制出LGM-118“和平卫士”导弹系统的情况下，其大部分研究项目也被搁置了。

AGM-76“猎鹰”

这个代号在1966年交付给了美国空军课题组，目的在于改进休斯公司的AIM-4“猎鹰”空-空导弹来对抗北越的雷达定位系统。像美国海军的AGM-63项目一样，这个项目的目标是研制一种比AGM-45“百舌鸟”更大更快的导弹，但它和AGM-63也存在一些不同之处，后来一些AGM-76A的原型经过改进进行了测试试验。

FGM-77“龙”

“龙”是一种便携式反坦克导弹，它在规模和配置上跟早期的FIM-43“红眼”反飞机导弹很相似。在冷战进入白热化时期的欧洲战场，美国陆军步兵团有了这种想法，即在步兵团配备便携式武器来对抗苏联的坦克装备。“龙”在20世纪60年代中期开始发展，1975年开始部署到部队。

在20世纪80年代，改进型的“龙”Ⅱ和超级“龙”问世，每一种型号都提升了其突防能力。这些武器在1991年的“沙漠风暴”行动中得到广泛应用。美军共需要约50000枚“龙”导弹（一些资料表明可能需要的数量更多），其中三分之二分配给陆军，这样就达到了与海军力量的平衡。由于“龙”导弹采用有线制导的方

下图：1991年左右，一名士兵正在发射M47（FGM-77）“龙”导弹。

左图：1997年4月，第二海军陆战团一等兵T.A.摩尔在联合军演中带着一枚M47（FGM-77）“龙”导弹。

148“标枪”导弹，“龙”开始慢慢退役。

同时，荷兰、巴西、瑞士和泰国也获得了“龙”导弹，包括进行革命前的伊朗。后来，伊朗研制出了同样知名的反坦克导弹武器“闪电”（雷），并交付给黎巴嫩的真主党恐怖组织。

制造商：麦克唐纳·道格拉斯公司
长度：29.4英寸（0.74米）
直径：9.8英寸（0.25米）
翼展（尾翼）：13.4英寸（0.34米）
重量：24磅（11千克）
射程：3300英尺（1000米）
速度：200英里/小时（330千米/小时）
制导系统：可视有线制导
推进系统：一系列小的固体燃料火箭发动机
战斗部：锥孔装药
首次测试时间：1968年
首次部署时间：1975年（型号名称为FGM-77/M47）

式，部队在使用时发现一些问题，因为其很难一直追踪目标，所以作战使用比较麻烦，当一名士兵准备攻击坦克时，“龙”却因为射程不够而不能使用。

一些早期的导弹系统使用M作为模型的代号，后来研制的导弹用前缀M来表示导弹，然而，“龙”却和它们不一样，它是从代号FGM-77A变为M47的。在20世纪90年代末，为了支持新研制的FGM-

1987年6月，第25步兵团的一位士兵在战斗中发射了一枚M47（FGM-77）“龙”反坦克导弹。

AGM-78“标准”ARM

“标准”反辐射导弹是在舰空导弹RIM-66“标准”的基础上，经过弹身改进适应空基发射的一种导弹。正如它结合了AGM-63和 AGM-76“猎鹰”导弹的技术，经过努力对令人失望的AGM-45“百舌鸟”导弹进行了成功的改进。打击北越的防空雷达是其根本任务，显而易见它要解决在雷达监视下深入敌方进攻的问题，这也是一项艰难的任务。

为了节省发展时间，1966年美国海军和通用动力公司签订合同，将新型雷达导引头和现有的RIM-66弹身进行结合。在1967年测试之后，AGM-78A“标准”导弹于1968年进入美国海军和空军进行服役，此后不久，更远射程和弹头更大的改进型AGM-78B问世。相比“百舌鸟”导弹，其导引头也进行了升级，即便在敌方发现导弹发射并紧急关闭雷达的情况下，也能够一直锁定目标。

20世纪70年代，电子系统技术的进一步提升，出现了改进型的AGM-78C 和AGM-78D，但是在20世纪80年代，由于有了高速反辐射导弹AGM-88，“标准”反辐射导弹开始逐步退役。（参考附录4有关“标准”家族的概况）

制造商：通用动力公司
长度：15英尺（4.57米）
直径：13.5英寸（0.34米）
翼展（尾翼）：42.5英寸（1.08米）
重量：1370磅（620千克）
射程：56英里（90千米）
速度：2.5马赫
制导系统：雷达主动制导
推进系统：喷气飞机公司固体燃料火箭
战斗部：破片杀伤
首次测试时间：1968年
首次部署时间：1969年（型号名称为AGM-78B）

左图：F-4G“鬼怪”Ⅱ配备了AGM-78“标准”反辐射导弹，它由舰射RIM-66A安装一个雷达导引头改进成空射型。

AGM-79“蓝眼”

“蓝眼”是以AGM-12“小斗犬”空-地导弹为基础的几种改进型之一，这种改进型武器被美国陆军和空军进行了评估。直到导弹爆炸前，AGM-12“小斗犬”的操作员必须一直盯着目标，而“蓝眼”武器系统可以通过一种电视相机完成目标的锁定，允许飞行员“发射后不管”，在1968年，进行了XAGM-79A“蓝眼”的测试飞行，其弹身设计源于AGM-12C，但是这种导弹一直没有用于实战。

制造商：马丁·玛丽埃塔公司
长度：13英尺7英寸（4.14米）
直径：18英寸（0.46米）
翼展（尾翼）：4英尺（1.22米）
重量：1700磅（770千克）
射程：10英里（16千米）
速度：1.8马赫
制导系统：电视制导
推进系统：液体燃料火箭发动机
战斗部：破片杀伤
首次测试时间：1968年
首次部署时间：未曾部署（型号名称为XAGM-79A）

AGM-80“毒蛇”

跟AGM-79“蓝眼”和后来的AGM-83“斗牛犬”一样，“毒蛇”是在AGM-12“小斗犬”基础上发展的对地攻击导弹之一，但是其采用“小斗犬”的弹身作为新导弹的弹身。不同于“蓝眼”导弹的是，“毒蛇”一直没有进行过测试试验。

制造商：克莱斯勒公司
尺寸：与AGM-79“蓝眼”导弹相似
性能：与AGM-79“蓝眼”导弹相似
制导系统：惯性制导
战斗部：破片杀伤
首次测试时间：未曾测试
首次部署时间：未曾部署

AQM-81“霹雳”

关于“鹬”式空中目标的计划，位于美国爱德华兹空军基地空军火箭推进实验的富兰克林·米德和伯纳德·伯恩赫斯特在1969年6月的一份报告中隐约有所提及。他们写道，该项目是“作为内部研发方案的一部分，实验室团队正在努力验证混合动力对‘鹬’式高性能目标的可行性”。

所谓的“混合”动力是指双燃料（固体和液体）火箭发动机，联合技术公司建

左图：1984年5月，XAQM-81A“霹雳”高空、高速靶机在埃格林空军基地。（美国国防部）

造了这样的发动机，就是为满足比奇飞机公司高性能的AQM-37无人机变化。

美国空军在1979年计划用十年左右的时间编出一个程序，这个程序可以控制导弹在高空超音速目标（HAST）和高空、高速目标（HAHST）间交替转换。由于比奇飞机公司过高的成本预算，空军不得不与其他的飞行器生产厂家合作，于是泰里达因-瑞安公司根据代号AQM-81研制了其305型号（AQM-37的混合动力改进型发动机）。

XAQM-81A“霹雳”飞行试验项目开始于1983年，但没有进行作战部署。

制造商：瑞安航空（1968年后为泰里达因-瑞安公司）
长度：17英尺（5.18米）
直径：13英寸（0.33米）
翼展：3英尺4英寸（1.02米）
重量：1230磅（560千克）
速度：4.3马赫
实用升限：103000英尺（31400米）
制导系统：遥控制导
推进系统：联合技术公司的混合动力火箭
首次测试时间：1983年
首次部署时间：未曾部署（型号名称为XAQM-81A）

AIM-82

1969年，在美国空军计划研制其下一代战斗机（即F-15战斗机）之前，和飞机配套的新型空-空导弹也开始进行研制。包括通用动力公司、休斯飞机公司和飞歌航空航天公司（福特汽车公司于1976年成立的福特航空航天分公司）均提交了项目研制方案。然而，该计划在1970年被取消，原因是美国海军当时也在进行这方面研究，而且用的是和AIM-95几乎相同的方案。最后这两个项目都没有达到生产的程度。

AGM-83“斗牛犬”

与AGM-79“蓝眼”和AGM-80“毒蛇”一样，AGM-83“斗牛犬”也是“发射后不管”的主动寻的对地攻击导弹家族的一员。AGM-83“斗牛犬”是在AGM-12“小斗犬”的基础上，以“小斗犬”导弹的弹身为基础改进的。然而，在开发和测试“斗牛犬”的过程中，美国海军未能获准研发AGM-65“小牛”导弹，因为它已经被美国空军研发。

制造商：海军武器中心和德州仪器公司
长度：10英尺6英寸（3.20米）
直径：12英寸（0.30米）
翼展（尾翼）：3英尺1英寸（0.94米）
估计重量：620磅（280千克）
估计射程：7英里（11千米）
速度：1.8马赫
制导系统：激光制导
推进系统：液体燃料火箭
战斗部：爆炸破片
首次测试时间：1971年
首次部署时间：未曾部署（型号名称为XAGM-83A）

AGM-84/RGM-84/UGM-84“鱼叉”/SLAM

“鱼叉”是美国首屈一指的反舰导弹，一共拥有30个改进型，出口范围超过24个国家。“鱼叉”最初是作为空中发射的导弹（AGM-84），现已具备水面舰艇（RGM-84）和潜艇（UGM-84）发射的能力。美国海军作战中曾经多次使用过这种导弹，其中最著名的是在1988年的“捕食螳螂”行动中击沉伊朗护卫舰“萨罕德”。与此同时，美国空军购买AGM-84“鱼叉”用于武装B-52H轰炸机。

“鱼叉”导弹的研制开始于1965年，美国海军研制它的目的在于对付浮出水面的潜艇，但是随后该导弹被赋予全方位反舰的要求。

1972年10月“鱼叉”导弹开始飞行测试，1977年RGM-84A用于作战部署，1979年AGM-84A部署到P-3巡逻机，1981年UGM-84A部署于攻击型潜水艇。英国部署的情况跟美国基本相同，只是将最后的UGM-84A换为UGM-84B，并随后获得多种型号的AGM和RGM“鱼叉”导弹。此后，麦道公司分别于1982年和1985年推出了这三种型号的“C型”和“D型”导弹并部署部队，前者专门用于执行低空掠海飞行任务，而后者将其射程范围从60英里增加到140英里。

第二代AGM-84E“鱼叉”导弹（SLAM）是一种改进的对地攻击导弹，1988年开始服役。它在进入飞行末段之前

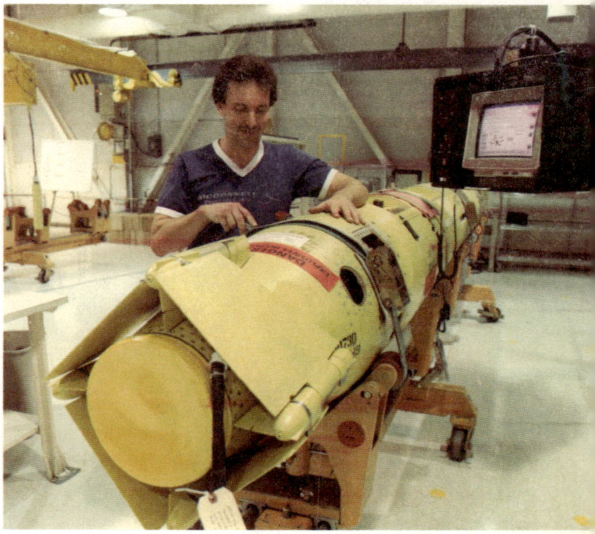

右图：20世纪90年代初，麦道公司在密苏里州圣查尔斯的组装线，技师在对一个接近完成的“鱼叉”导弹做测试工作。

上图：1980年1月，诺克斯级护卫舰USS“獾”的反潜导弹发射装置在发射RGM-84“鱼叉”导弹。

下图：1983年4月，RGM-84“鱼叉”导弹从位于加州外海的太平洋导弹测试中心附近的“莱希”巡洋舰发射出筒。

上图：1982年9月，位于穆古海军基地的太平洋导弹测试中心，ATM-84A“鱼叉”导弹安装在A-4“天鹰”飞机上，ATM-84A是AGM-84A的改进型。

采用惯性制导方式，末段通过红外导引头进行控制。

后来发展了射程更远的AGM-84H增程型防区外对地攻击导弹（SLAM-ER），该导弹于1997年完成首次测试并于1998年开始部署部队。

在21世纪初期，波音飞机公司开始交付“鱼叉”Block II型导弹，其编号分别为AGM-84L，RGM-84L和UGM-84L。因此，波音公司在其记录中留下下面这段话：“‘鱼叉’Block II型导弹扩大了‘鱼叉’导弹的反舰能力……通过综合利用波音公司联合攻击弹药（JDAM）中低成本的惯性测量装置和SLAM-ER软件、任务计算机、完整的全球定位系统或惯性导航系统和GPS天线与接收机，为陆地和海上舰队提供精确的、长时间的制导。”

波音公司还补充说明：“500磅的炸药足以对包括海防基地、地空导弹基地、

左图：1987年，一枚AGM-84E“鱼叉”防区外对地攻击导弹（SLAM）悬挂于F/A-18C“大黄蜂”的机翼下。

裸露的机场、港口或工业设施和港内的船只等等给予致命的火力打击。”Block II型继承改进了“鱼叉”的高命中率，这种威胁对于非常接近陆地的船只依然存在。Block II还有一个优点就是适应现存所有的“鱼叉”导弹发射系统平台，无论是现有的“鱼叉”导弹发射系统平台还是新的高级“鱼叉”武器控制系统发射平台，Block II都可以在其上面部署。

除了美国之外，Block II还被澳大利亚、加拿大、丹麦、埃及、阿曼、巴基斯坦、韩国和中国台湾等国家和地区的军队部署。

一份发展“鱼叉”Block III型RGM-84M的合同于2008年公布。

制造商：麦道公司（1997年后波音飞机公司）
长度：14英尺9英寸（4.50米）
直径：13.5英寸（0.34米）
翼展（尾翼）：3英尺（0.91米）
重量：1385磅（627千克）
射程：60英里（93千米）
速度：0.85马赫
制导系统：红外导引头，自动目标识别（空-空导弹）
推进系统：泰里达因-瑞安公司涡轮喷气发动机（RGM-84和UGM-84附带了固体燃料火箭助推器）
战斗部：爆炸破片
首次测试时间：1972年
首次部署时间：1977年（型号名称为AGM-84 ESLAM-ER）

RIM-85

RIM-85导弹研发计划是美国海军于1969年发起的，其目的是提升地-空导弹对于敌方飞机和导弹的拦截能力，不过该计划在进入设计阶段之前就被叫停。

左图：1990年安德森空军基地，上士理查德（左）、空军飞行员克里斯坦·文森特和中士威廉正在安装ATM-84A“鱼叉”导弹到第六十轰炸中队B-52G“同温层堡垒”的翼下，ATM-84A是AGM-84A的训练弹。

AGM-86空射巡航导弹（ALCM和CALCM）

虽然巡航导弹最早是由德国在第二次世界大战中研发的，但是进入20世纪80年代后，全世界最广为人知的是波音飞机公司的空射巡航导弹（ALCM）。

空射巡航导弹的历史可追溯至1968年美国空军研发的亚音速飞行器（SCAD），当时它只是在概念上对ADM-20“鹌鹑”导弹进行改进。1973年，美国空军正式废弃了SCAD概念，将研制计划的目标定位为战略核打击巡航导弹。AGM-86A在1976年进行了首次测试，不过很快就被拥有其两倍射程的AGM-86B所取代。

1982年12月位于纽约格里菲斯空军基地的第416轰炸机联队开始使用AGM-86空射巡航导弹，截至1986年10月该导弹共生产了1715枚。

上图：1980年，AGM-86空射巡航导弹在希尔空军基地附近的犹他州进行测试和训练。

数据处理技术的快速发展使空射巡航导弹的性能超出了原先的设计指标，这个时期一个主要的技术突破就是地形匹配（TERCOM）技术，这是一个具有革命性的制导技术，它可以让巡航导弹在低空自主飞行。

1986年6月，少数AGM-86B导弹改装为常规武器，其核弹头被高爆碎片战斗部所取代，并被编号为AGM-86C常规空射巡航导弹（CALCM）。与此同时，AGM-86B的地形轮廓匹配制导系统，也被现有的惯性导航系统和计算机内部的全球导航定位系统（GPS）所取代。随后的AGM-86D Block II型常规空射巡航导弹拥有穿透加固目标的能力。

常规空射巡航导弹最早的作战使用是在1991年的“沙漠风暴”行动中，当时7架波音B-52轰炸机从巴克斯代尔空军基地起飞对事先选定的伊拉克目标发射了35枚AGM-86C导弹，在接下来的1996年9月伊拉克“沙

左图：1983年，华盛顿肯特波音航天中心，波音航空航天公司的技术人员正在组装一枚AGM-86B空射巡航导弹（ALCM），这种导弹当时每月生产40枚。

左图：1984年5月，美国仙童空军基地，一辆专门设计的远程控制液压拖车将6枚空射巡航导弹AGM-86B挂在B-52G飞机的机翼下。

上图：1984年5月，美国仙童空军基地，第92轰炸机联队的上士克瑞格在一架B-52G左侧的空射巡航导弹控制台工作。

上图：1985年11月，埃尔斯沃思空军基地，第92轰炸机联队的士兵将AGM-86B ALCMs导弹悬挂在一架B-52G飞机上，以参加战略空军司令部作战武器的比武。

下图：8枚AGM-86B空射巡航导弹安装在一架B-52G“同温层堡垒”飞机的旋转发射装置上。

漠风暴”行动中同样使用了这种导弹。

空射巡航导弹和常规空射巡航导弹都可以由B52-H轰炸机在空中发射，该轰炸机的内部旋转发射装置可以携带8枚导弹，同时在机翼下方可以挂载6枚导弹。

在20世纪90年代，美国空军为增强其舰载巡航导弹的快速性和隐身性而研发了AGM-129A，和空射巡航导弹一样，它在设计时用于完成核打击任务，但又能装载常规炸药。这两种导弹分别在1991年和2003年的海湾战争以及1999年的科索沃战争中得到使用。

美国空军并没有用AGM-129A取代AGM-86B，相反，他们决定在2007年退役所有的486枚AGM-129A巡航导弹。与此同时，空军宣布将其核武器空射巡航导弹从1140枚削减至528枚。

制造商：波音飞机公司

长度：20英尺9英寸（6.32米）

直径：24.5英寸（0.62米）

翼展：12英尺（3.66米）

重量：3200磅（1451千克）

射程：1500英里（2400千米）

速度：500英里/小时（800千米/小时）

制导系统：带惯性导航的地形匹配制导系统，后来改为GPS

推进系统：威廉姆斯F107涡扇发动机

战斗部：W80热核弹头（AGM-86B），爆炸破片（AGM-86C），硬化目标穿透（AGM-86D）

首次测试时间：1976年

首次部署时间：1982年（型号名称为AGM-86B）

AGM-87“焦点”

AGM-87“焦点”是美国海军由若干AIM-9B“响尾蛇”空-空导弹改进得到的对地攻击导弹。该导弹由位于中国湖的美国海军武器研究中心研制，由通用电气公司生产。从1969年开始，部分导弹部署于东南亚用于在夜间打击释放红外特征信号的目标。

制造商：通用电气公司

产品规格：与AIM-9“响尾蛇”相同

制导系统：红外热寻的

推进系统：聚硫橡胶固体燃料火箭

战斗部：爆炸破片

首次测试时间：1969年左右

首次部署时间：1969年（型号名称为AGM-87A）

AGM-88高速反辐射导弹（HARM）

当经过20年发展寻求的AGM-88高速反辐射导弹部署之后，能自动获取敌方雷达发射的电磁波，并据此摧毁敌方雷达基地。AGM-45“百舌鸟”和AGM-78“标准”反辐射导弹曾在20世纪60年代被用于打击北越的目标，不过这两种导弹在可靠性和易操作性方面都有待提高。在越南战争激烈进行时，位于中国湖的海军武器研究中心一直在努力解决这些问题，高速反辐射导弹可以保证导弹在敌方关闭雷达发射装置之前锁定目标。

在1975年开始的飞行测试中，包括寻的装置、制导及其他系统等所面临的难题已经被确定并克服。由得州仪器公司生产的AGM-88As分别在1983年和1987年被美国海军和空军第一次使用。与此同时，在1986年3月摧毁利比亚雷达站和一个月之后的埃尔多拉多峡谷行动中，AGM-

下图：1985年9月，一架F-4G幻影II“野鼬”飞机机翼挂载的AGM-88A高速反辐射导弹。

左图：1986年3月，AGM-88A高速反辐射导弹（HARM）安装在“萨拉托加”号航空母舰上的A-7E“海盗”II机翼下。

88经受住了实战的考验。有趣的是，“百舌鸟”空-地导弹也在上述行动的后期参与了作战。

随着对寻的装置、数据处理系统和战斗部的不断改进，AGM-88B（Block II型）和AGM-88C（Block IV型）分别于1987年和1993年推出。

AGM-88E是一种近乎全新的先进反辐射导弹（AARGM），它在2010年由美国和意大利联合研制成功，阿连特技术系统公司负责生产，并装备在由F/A-18改进的“龙卷风”ECR和F-35战机上。

下图：2003年3月埃格林空军基地，在“权杖”空-地武器系统评估测试时，第86战斗机中队队长托马斯·西摩从他驾驶的F-16C战机上发射AGM-88高速反辐射导弹。

下图：2004年5月希尔空军基地附近，“权杖”试验任务期间，第522战斗机中队的F-16C战机发射AGM-88高速反辐射导弹攻击犹他州试验训练基地的目标。

根据阿连特的报道，AGM-88E拥有包括全球定位系统/惯性导航和毫米波末制导系统在内的多种先进传感器系统，这使得AGM-88E可以对抗雷达关机战术，甚至可以工作在一个独立的模式来打击无辐射目标。

制造商：得州仪器公司（1997年后雷神公司），阿连特技术系统公司（AGM-88E）

长度：13英尺8英寸（4.2米）

直径：10英寸（0.25米）

翼展（尾翼）：2英尺（0.61米）

重量：800磅（360千克）

射程：90英里（160千米）

速度：2马赫

制导系统：雷达制导

推进系统：固体燃料火箭

战斗部：爆炸破片

首次测试时间：1975年

首次部署时间：1983年（型号名称为AGM-88A）

UGM-89“珀尔修斯”

美国海军的“珀尔修斯”计划始于20世纪60年代后期，这项计划的目的是开发具有水下巡航能力的导弹，从而可以弥补潜射弹道导弹（SLBM）的不足。该计划因潜艇战术导弹（STAM）和潜艇反舰武器系统（STAWS）而闻名，它包括一种新的核攻击潜艇和导弹。

因其导弹直径相对传统的鱼雷发射管而言太大，该计划的设计是将它像潜射弹道导弹那样垂直发射。有关导弹的项目研究在1973年取消，造价更高的潜艇项目在一年之后也被取消。“珀尔修斯”计划中有关潜艇反舰武器系统中的资料后来被UUM-125“海长矛”项目吸收并利用。

虽然有鱼雷管直径大小的问题，美国海军还是很快就获得了自己的巡航导弹，如UGM-84“鱼叉”和BGM-109“战斧”巡航导弹。

制造商：洛克希德导弹与航天公司
长度：25英尺（7.62米）
直径：30英寸（0.76米）
重量：6000磅（2700千克）
射程：35英里（55千米）
推进系统：固体燃料火箭
战斗部：高爆炸药
首次测试时间：未曾测试
首次部署时间：未曾部署

BQM-90

BQM-90这个编号是分配给一个用于验证3马赫地-空导弹和反导导弹的美国海军目标靶弹项目。该项目的研究主要在1970年和1973年之间进行，该靶弹也有一定的低空飞行能力，可以模拟低空飞行的反舰导弹。

AQM-91“萤火虫”

在“隐身”这个词进入字典之前，隐身飞机就已经出现了，AQM-91“萤火虫”就是从BQM-34“火蜂”进化而来的一种隐身飞机。“指南针”计划的目的是设计一架无人驾驶的远程飞行器能在中国和朝鲜上空执行侦察任务，而这对于载人

下图：编号为AQM-91A，泰里达因-瑞安公司的154模型机——“萤火虫”无人驾驶侦察机是由AQM-34“火蜂”家族和YQM-98“指南针”经过技术改进得到。

的U-2侦察机来说就很危险。这架飞机看起来象一个按比例放大的“火蜂”式靶机，从地面检测到的发动机工作所造成的辐射可以实现最小化，同时其机身也涂有雷达吸波材料。“萤火虫”在1968年带着神秘的面纱首飞，一年之后有一架坠毁。AQM-91“萤火虫”共生产了24架，据报道它在1973年停产。从技术上来讲，它是“指南针”计划YQM-98“燕鸥”以及最终的RQ-4“全球鹰”无人机的过渡。

制造商：泰里达因-瑞安公司
长度：34英尺（10.36米）
翼展：48英尺（14.63米）
重量：5245磅（2375千克）
射程：2300英里（3700千米）
速度：0.8马赫
实用升限：78000英尺（24000米）
制导系统：无线电遥控制导
推进装置：通用电气公司J97涡轮喷气发动机
首次测验：1968年
首次部署时间：未知

FIM-92“毒刺”

作为世界上最成功和使用最广泛的单兵便携式防空导弹之一，“毒刺”已经历了近300次拦截作战使用，为世界上大约30个国家服役过。该计划开始于1967年，当时美国陆军正在寻求FIM-43“红眼”的替代者，刚开始，该导弹系统称为“红眼II”。XFIM-92A的发展历程问题不断而漫长，事实上，肩扛式“毒刺”导弹的测试直到1975年才进行，FIM-92A在1981年开始服役。之后，“毒刺”开始迅速普及。“毒刺”相比“红眼”的主要改进是其正面攻击能力，而不再是只攻击飞机的排气装置，它还具有锁定并跟踪采取机动回避动作飞机的能力。

“毒刺”导弹在战斗中首次使用是在1982年的马岛战争中，第一发“毒刺”导

下图：1984年9月在菲律宾演习期间，一名美国海军陆战队员在无线中继飞机的帮助下正发射FIM-92“毒刺”导弹来打击位于“乌鸦谷”的目标。

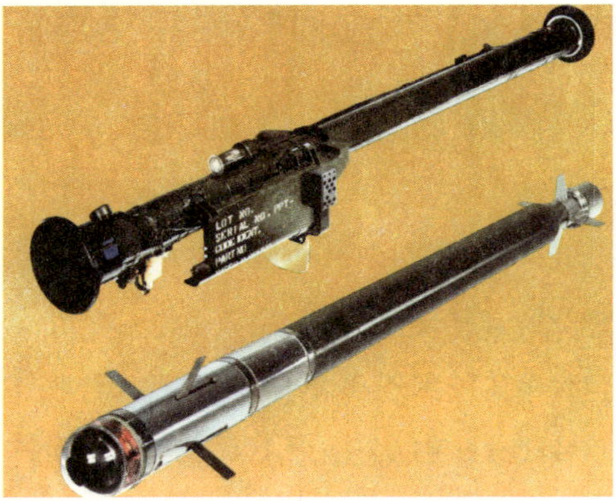

上图：1987年，FIM-92“毒刺”导弹和发射管，它属于轻型可单兵携带肩扛式防空导弹。

上图：一种观点认为，在1991年美国的“沙漠盾牌”行动中，“复仇者”防空系统应该被部署。该系统由悍马-V车辆牵引，由四管“毒刺”发射装置组成，安装在一个基座上，每个基座上均有操作人员。

弹于5月21日打向阿根廷“普卡拉”。20世纪80年代，美国把它们提供给阿盟的叛军和在阿富汗的圣战分子，分别来对付在安哥拉的共产党和苏联。后来，它一直被当作一种重要的武器。在20世纪90年代的巴尔干战争中，“毒刺”导弹也被发现在作战中使用。

随着1983年FIM-92B 的引进，具有被动光学导引头的“毒刺”导弹可以使其对抗地面杂波，在1987年FIM-92C具有可以更新的可重编程软件。在一些软件更新后编号时改为FIM-92D。进行精炼和软件升级的FIM-92E和FIM-92F，在世纪之交出现。

除了美国和大多数北约国家，“毒刺”导弹也服役于其他许多国家和地区，如孟加拉国、乍得、智利、埃及、以色列、日本、韩国、中国台湾、拉脱维亚、立陶宛、巴基斯

左图：第3低空防空营的海军陆战队队员从第29号发射车上发射FIM-92“毒刺”导弹。

坦、斯洛文尼亚和瑞士等。据报道，它们也出现在美国特勤局的兵工厂中。

“毒刺”导弹不仅有肩射式的，也有可以安装在不同的车辆上的。在美国的服役部署中，包括M6“后卫”、M2A2“布拉德利”，以及V系列“复仇者”防空系统的一部分。

美国陆军于1996年第一次测试空中发射的AIM-92“毒刺”导弹，它们随后被广泛地部署于各种类型的直升机，包括OH-58“基奥瓦”、UH-60“黑鹰”和AH-64“阿帕奇”直升机，以及航空母舰上的MQ-1“捕食者”无人机。

制造商：通用动力公司，1992-1997年为休斯飞机公司，此后是雷神公司［德国欧洲宇航防务集团（EADS）和土耳其罗科特桑公司也获得了生产许可］

长度：5英尺（1.52米）

直径：2.75英寸（0.07米）

翼展（尾翼）：3.6英寸（0.09米）

重量：22.3磅（10千克）

射程：3英里（4.8千米）

速度：2.2马赫

实用升限：12500英尺（3800米）

制导系统：红外寻的制导

推进系统：大西洋研究所固体燃料火箭

战斗部：爆炸破片

首次测试时间：1973年

首次部署时间：1981年（型号名称为FIM-92C）

GQM-93指南针“驻留”

像发展出AQM-91“萤火虫”导弹的指南针“箭”计划一样，指南针“驻留”计划是一个秘密研制具有持久侦察能力的无人监视侦察平台。指南针“箭”计划采用喷射式发动机，根据评估指南针“驻留”计划中飞机大都采用活塞式发动机，这包括马丁·玛丽埃塔公司的845A模型机和E-系统的L450F模型机，它们在1972年年初进行了飞行测试，都是由施瓦泽SGS滑翔机改进得到的。据报道，该计划在1972年取消，但是 L450F模型机至少在之前两年就被编号为 XGQ-93A。

制造商：E-系统（后来为雷神公司）

长度：29英尺7英寸（9.02米）

高度：10英尺8英寸（3.25米）

翼展：57英尺（17.37米）

重量：5300磅（2400千克）

射程：5200英里（8300千米）

速度：230英里/小时（370千米/小时）

实用升限：50000英尺（15200米）

制导系统：无线电指令制导

推进系统：加拿大普拉特·惠特尼公司燃气涡轮发动机

首次测试时间：1972年

首次部署时间：未曾部署（型号名称为XAQM-93A）

YQM-94“海鸥”

美国空军在1971年的指南针“处理”项目是设想研制一款和洛克希德公司U-2 侦察机具有相同作战半径和性能的遥控飞行器（RPV）。与U-2侦察机类似，指南针“处理”在非常高的高空中低速飞行，并具有很强的巡航能力（超过24小时）。指南针“处理”通过一个实时的可视数据链接到地面指挥中心，并由其来控制，除了用作侦察监视平台，它还可以承担通信中继和大气采样的任务。与AQM-91指南针“箭”采用空中发射方式不同，指南针“处理”是在跑道上完成其起飞和降落的。

该项目共有两种型号的飞机用于飞行测试，起初的计划是把波音公司的901模型机作为唯一的验证机，在1971年编号为YQM-94A“海鸥”。然而，在1972年泰里达因-瑞安公司的235模型机作为验证机编号为YQM-98A“燕鸥”。两型飞机都像AQM-91“萤火虫”一样，把发动机装于机身上部使其很难被地面雷达探测到，它们使用“YQM”而不是“YGQM”的前缀是为了符合这类飞机的命名方式。

第一架原型机——波音YQM-94A“海鸥”，在1973年7月首次亮相飞行，但在几天后的第二次飞行中坠毁。直到1974年11月，才进行第二次飞行测试试

下图：一架YQM-94A“海鸥”停在波音公司的机库里，这架波音901是指南针“处理”项目的一部分。

上图：1973年，准备进行首次飞行测试的YQM-94A“海鸥”验证机。

验，试验期间，YQM-94A具有超过17小时的飞行能力。

1976年8月，波音飞机公司的YQM-94A胜过YQM-98A，获得更大型的YQM-94B系列无人机生产合同。然而，该计划在1977年7月取消时一架飞机还没有生产出来。

制造商：波音飞机公司
长度：40英尺（12.19米）
高度：12英尺8英寸（3.86米）
翼展：90英尺（27.43米）
重量：14400磅（6520千克）
速度：0.6马赫
实用升限：55000英尺（16700米）
制导系统：电视数据链远程控制制导
推进系统：通用电气公司TF34涡扇发动机
首次测试时间：1973年
首次部署时间：未曾部署（型号名称为YQM-94A）

右图：1970年左右的中国湖海军武器中心，一名海军飞行员站在一个没有标签的AIM-95“敏捷”导弹旁边。

AIM-95“敏捷”

在20世纪60年代末期，美国空军和美国海军都想研制一种能替代AIM-9“响尾蛇”的新型空-空导弹。美国空军根据各工业部门的建议提出了AIM-82导弹，而中国湖海军武器研发中心则从1968年开始致力于“敏捷”导弹的研发。AIM-82导弹项目在1970年取消，原因是国防部认为AIM-82与“敏捷”有相当多的重复性工作。不过，“敏捷”导弹项目也于1975年达产之前被取消，最终替代早期AIM-9“响尾蛇”的是精度更高的AIM-9“响尾蛇”家族其他型号。

UGM-96“三叉戟”I C4

UGM-73“海神”潜射弹道导弹于1971年11月开始装备美国海军，然而仅仅过了8个月，美国海军就开始研发它的替代者。按照当时的想法，新研制导弹的射程将是UGM-73“海神”的两倍，而这一目标的实现将分两个步骤来完成。第一步开始于1974年，目标是研发和“海神”具有相同尺寸，且能用目前的发射系统进行发射的UGM-96“三叉戟”I C4；第二步于1983年开始，目标是研发尺寸更大的“三叉戟”II D5（UGM-133）导弹。

UGM-96“三叉戟”I C4于1977年1月完成了第一次试射，并在1979年10月首次部署到“弗朗西斯·斯科特基”号潜艇，第一批装载的12枚UGM-96“三叉戟”导弹发射系统是由“海神”发射系统变化而来的。与此同时，海军正在建设的“新俄亥俄”级（又名“三叉戟”级）舰艇，将会设计为可携带8枚“三叉戟”I，并能在随后升级成携带“三叉戟”II导弹。这种携带“三叉戟”I的“俄亥俄”级舰艇将在1981年11月下水。英国皇家海军原本计划在1980年时购买“三叉戟”I，不过他们很快改变计划转而购买“三叉戟”II型导弹。

上图：1982年11月，一枚用于演示验证的UGM-96A“三叉戟”潜射弹道导弹由“密歇根”号核动力战略导弹潜艇发射升空。

左图：1978年12月6日，卡纳维拉尔角第十七发射平台正在发射一枚“三叉戟”导弹。

与“海神”相比，“三叉戟”I具有以下三点优势：“三叉戟”I已进入固体燃料发动机阶段，具有更大的射程，更大重量的多弹头分导再入大气层载具。尽管UGM-96“三叉戟”I被“三叉戟”II所逐渐替代，但是它直到1986年才停产，2007年退役。UGM-96A“三叉戟”I C4的最后一次试射是在2001年。

制造商：洛克希德导弹与空间公司
高度：34英尺1英寸（10.39米）
直径：6英尺2英寸（1.88米）
重量：73000磅（33000千克）
射程：4600英里（7400千米）
制导系统：电子星瞄准惯性制导
推进系统：聚硫橡胶（第一级）、大力神（第二级）和联合技术公司（第三级）固体燃料火箭
战斗部：多弹头，W76热核弹头
首次测试时间：1977年
首次部署时间：1979年（型号名称为UGM-96A）

左图：1982年卡纳维拉尔角，一枚UGM-96A“三叉戟”弹道导弹被装到“俄亥俄”级战略导弹核潜艇上。

AIM-97“搜索棒”

“搜索棒”是一种空-空导弹，就像它的名字所表示的，它能对苏联具有超高飞行高度和3马赫飞行速度的MiG-25“狐蝠式战斗机”——这种理论上不可拦截的战斗机进行拦截。从1972年开始，项目研制计划就是为了在飞机上安装一种标准反雷达导弹，此后XAIM-97A曾在1972—1976年间进行了测试，但是它可能从来没有装备部队。

制造商：通用动力公司
长度：15英尺（4.57米）
直径：13.5英寸（0.34米）
翼展（尾翼）：42.5英寸（1.08米）
重量：1300磅（600千克）
速度：3马赫
实用升限：测试高度80000英尺（24000米）
制导系统：被动红外自动跟踪
推进系统：喷气飞机公司固体燃料火箭
战斗部：爆炸破片
首次测试时间：1972年
首次部署时间：未曾部署（型号名称为XAIM97A）

YQM-98“燕鸥”(Compass Cope-R)

如同前面介绍的YQM-94一样，1971年的设计方案本来是研发一种航程和性能类似于洛克希德公司U-2载人侦察机的无人机。进行飞行测试的两种型号无人机是波音飞机公司的901模型机和特里达因·瑞安航空公司的235模型机，他们分别在1971年和1972年作为YQM-94“鸥”和YQM-98“燕鸥”被订购。

YQM-98A“燕鸥”在1974年8月进行了首次飞行，并创造了无人机中途不添加燃料连续飞行28小时11分的世界纪录。

1976年8月，美国空军选择了“海鸥”而不是“燕鸥”的生产合同，特里达因·瑞安航空公司随后对此表达了抗议，他们认为自己生产出的“燕鸥”无人机性能更好。美国空军在1977年7月做了一个充满争议的决定，就是在没有性能更优的无人机生产出来之前就终止了Compass Cope无人机的合同。瑞安航空公司此后一直在研发更大、性能更好的无人侦察机，其中最出名的就是于1998年首次飞行的RQ-4“全球鹰”无人机。

左图：1974年，美国空军正在对YQM-98A“燕鸥”这种高海拔无人机进行测试评估。

制造商：特里达因·瑞安航空公司
长度：37英尺4英寸（11.38米）
高度：8英尺（2.44米）
翼展：81英尺2.5英寸（24.75米）
重量：14310磅（6480千克）
射程：9500英里（15000千米）
速度：0.6马赫
实用升限：70000英尺（21000米）
制导系统：电视数据链远程控制
推进系统：加勒特YF104涡扇发动机
首次测试时间：1974年
首次部署时间：未曾部署（型号名称为YQM-98A）

LIM-99和LIM-100

相对于美军于1972年研制的地面弹道导弹拦截器MIM-49“斯巴达”，LIM-99和LIM-100就鲜为人知了。无论是否是指定生产，都与马丁·玛丽埃塔公司其他非指定的斯普林特拦截弹有关系。

AIM-101“麻雀”III

AIM-101被临时编号为AIM-7D（前身为AAM-N-6）“麻雀”III，还有消息称RIM-101，可能会被临时编号为RIM-7“海麻雀”。

PQM-102“铺路平分”

F-102“三角剑”战斗机于1953年首次试飞，1956年开始装备部队，作为最前线的载人拦截机在美国空军防空司令部（后来的空军国民警卫队）服役了近二十年。在1973年的时候，一些F-102战斗机仍然在航空自卫队服役，不过美国空军决定将其中一部分退役，并改装成无人靶机。在越南战争后，空中作战的态势对战斗机有了更高的要求，为了改善麦道公司研发的F-15战斗机性能，就需要对其靶机进行相应升级。

根据“铺路平分”计划，一部分“三角剑”截击机交到位于佛罗里达州的埃格林空军基地装备开发和测试中心管理，剩余的则用来模拟“米格”21战斗机。斯佩里兰德公司在1973年4月获得了将F-102改装成两种靶机的合同。一种编号为QF-102，该拖靶机保留了飞机上的操作系统，以便飞行员在必要的时候可以驾驶它们；另一种编号为PQM-102A，该无人靶机删除了飞机上的人工操作部分，但可以装载“102”导弹。

PQM-102A于1974年8月进行了首次飞行，并在两个月后有200架靶机被美国空军订购。这种情况一直维持到1982年，因为由PQM-102A升级而来的PQM-102B可以在200英尺的低空作战飞行。由于在试验中不断地被AIM-7、AIM-9、FIM-92和MIM-104所击落，“铺路平分”的数量在逐渐缩小，直到1985年最后一架被击落。

制造商：通用动力康维尔分公司
长度：68英尺5英寸（20.85米）
翼展：38英尺1英寸（11.61米）
高度：21英尺2.5英寸（6.46米）
重量：31500磅（14300千克）
射程：200英里（320千米）
速度：605英里/小时（975千米/小时）
实用升限：53400英尺（16287米）
制导系统：无线电指令远程控制，及自主飞行控制
推进系统：普拉特·惠特尼J57-P-23涡喷发动机
首次测试时间：1973年
首次部署时间：1974年（型号名称为F-102A）

下图：PQM-102无人机是由F-102“三角剑”战斗机改装而来，这幅图1980年拍摄于廷德尔空军基地。

AQM-103

XAQM-103A的编号（原XQM-103A）是原本分配给单座的瑞安公司147G“火蜂”靶机（见BQM-34内容）的，这种靶机是在1974年为了获得与有人驾驶飞机一样的机动能力进行改装的。

长度：29英尺（8.84米）
高度：6英尺8英寸（2.03米）
翼展：27英尺（8.23米）
重量：3000磅（1350千克）
速度：600英里/小时（960千米/小时）
实用升限：50000英尺（15000米）
制导系统：无线电指令遥控制导
推进系统：大陆公司J68涡喷发动机
首次测试时间：1974年
首次部署时间：未曾部署（型号名称为147G）

MIM-104“爱国者”

“爱国者”导弹是冷战期间作为阵地防空武器所开发的反导导弹武器，在1991年“沙漠风暴”行动期间，因为成功地拦截了伊拉克“飞毛腿”地-地导弹而变得家喻户晓。

在20世纪60年代，为应对苏联战术导弹的潜在威胁，美国陆军一直寻求开发一种比MIM-23“鹰”拥有更精确拦截能力的阵地防空导弹。经过初步的研究和建议评估，美国陆军决定与雷神公司签约，并将该导弹编号为SAM-D。该导弹于1969年在白沙导弹靶场进行了首次测试，不过设计计划在后面几年发生了很大变化，其中包括在20世纪70年代中期的导弹跟踪（TVM）制导，这一制导系统由半主动雷达制导和无线电指令制导复合而成。1976年，SAM-D升级成为XMIM-104A“爱国者”导弹。

MIM-104A“爱国者”导弹在美国陆军中的装备于1984年达到了最高峰，作为其改进型号的MIM-104B也在不久之后推出。

在“爱国者先进能力”（PAC）计划的指导下，随着“爱国者”导弹的软件和硬件系统得以不断升级，“爱国者”具备了一定的反导能力。PAC-1于1988年装备部队，PAC-2也于1990年装备部队。PAC-2被编号为MIM-104C，它的突出特点是装有一个可以致命的常规弹头。

右图：1987年4月，一枚MIM-104“爱国者”导弹由第43防空炮兵在白沙导弹发射基地发射升空。

在1991年1–2月的“沙漠风暴”行动中，PAC–2“爱国者”导弹成为第一个成功拦截敌方弹道导弹的防空导弹。该导弹于1990年首先部署到沙特阿拉伯以保护美国和联军部队，随后被部署在以色列以对抗伊拉克弹道导弹。美国陆军声称，“爱国者”导弹在交战中可以击落苏制53“飞毛腿”战术弹道导弹，不过其成功率一直存在很大争议。

上图：有一种观点认为在1991年1月的“沙漠盾牌”行动中，美国第七防空炮兵旅应该部署“爱国者”导弹，另一个“爱国者”发射装置在照片的远方。

根据全球安全网站的报道：“爱国者”导弹在沙特阿拉伯的拦截成功率超过70%，在以色列的拦截成功率超过40%（这些数据后来有所降低）。不过国会议员约翰·科尼尔斯和麻省理工学院教授西奥多·波斯托尔都认为雷神公司歪曲了“爱国者”导弹在海湾战争中的表现。

对“爱国者”导弹拦截成功率有两个

下图：洛克希德·马丁公司的“爱国者”先进能力（PAC–3）导弹，该导弹是一种小型、高灵活度的动能杀伤拦截导弹，能应对战术弹道、巡航导弹甚至高空吸气式高超声速飞行器的威胁。

下图：洛克希德·马丁公司在导弹增强（MSE）项目中，所设计的PAC–3导弹增强型版本。在2010年2月17日，该PAC–3 MSE在白沙导弹靶场成功拦截了用作靶弹的战术弹道导弹。

极端的看法，乔治·H.W.布什总统在雷神公司发表演讲时声称“爱国者”导弹的拦截成功率为98%，而波斯托尔在国会的证词中声称其成功率仅仅为10%甚至更低。

雷神公司目前仍没有给出“爱国者”导弹拦截成功率的官方数据，但美国政府对“爱国者”导弹拦截伊拉克“飞毛腿”导弹的性能非常乐观，即使这些“飞毛腿”导弹的性能超出了他们在设计“爱国者”导弹时的设计指标。值得注意的是在1991年2月25日，在一个没有被拦截的“飞毛腿”导弹击中位于达兰的一个美军基地事件中，造成了28人死亡。

通过对第一代“爱国者”导弹不足之处的总结，雷神公司于1994年研发出MIM-104D PAC-2制导增强型导弹（GEM）。不过PAC-2GEM很快被拥有更先进配置的PAC-3所取代，而其中洛克希德·马丁导弹及火力控制公司是此次升级的主要承包商。就其来源来讲，PAC-3应该被编号为“MIM-104F”，不过无论是在国防部还是在行业文件中，它都被称为PAC-3。另外，洛克希德·马丁公司还没有一款“M导弹”，这种被用于战区高空区域防御系统（THAAD）的导弹将在附录1中有描述。

经过几年的拖延，PAC-3导弹的飞行测试于2001年完成，并获准参与2003年的伊拉克战争。在战争期间，包括先进的伊拉克“萨默德”导弹均被“爱国者”导弹成功拦截。不过，也有两起误伤事件，美国的F/A-18和英国的“龙卷风”战机也被爱国者导弹击落并最终毁损。

CNN报道：“美国军方官员介绍，

下图：想象中的中延伸防空系统（MEADS），这是一个由美国、德国和奈基·大力士联合研制的部署在意大利的导弹防御系统，它可在空中移动，并将取代“爱国者”导弹防御系统。该防空系统的拦截器是洛克希德·马丁公司的PAC-3（MSE）导弹。注意在云层上方有北约的标志。

在3月27日，就在伊拉克导弹即将摧毁美英联军地面部队位于多哈的司令部前几秒钟，‘爱国者’导弹拦截并摧毁了该导弹。”这是“爱国者”导弹一个显著成功的例子，也是“爱国者”导弹的伟大时刻。

PAC-3“爱国者”导弹的改进并没有停止，其中一个亮点是在2007年的PAC-3导弹分部增强（MSE），它需一个要更强大发动机和更加协调的控制系统，PAC-3MSE还被用于美国和欧洲中空增程防空系统（MEADS）。除了美国陆军外，“爱国者”导弹还被部署到德国、希腊、荷兰、西班牙、巴林、埃及、以色列、日本、科威特、中国台湾、沙特阿拉伯和韩国的军队。

制造商：雷神和之后的洛克希德·马丁公司（PAC-3）
长度：17英尺1英寸（5.21米）
直径：10英寸（0.25米）
翼展（尾翼）：20英寸（0.5米）
体重：700磅（320千克）
射程：12英里（20千米）
速度：5马赫以上
实用升限：50000英尺（15000米）
制导系统：末端主动雷达制导（见正文）
推进系统：固体燃料火箭
战斗部：爆炸破片/动能
首次测试时间：1969年（SAM-D）
首次部署时间：1984年（MIM-104A）（型号名称为PAC-3）

MQM-105“天鹰座”

在20世纪70年代初，美国陆军负责研发有动力远程飞行器以进行目标探测和空中侦察（TADAR），这种飞行器可以为战场指挥官提供一个明确易于操作的观测平台，也可以作为超视距火炮的目标指示器。

为了满足这一要求，洛克希德·马丁公司研制出了“天鹰座”无人机，1975年实现首飞，并编号为AMQM-105A。此后洛克希德·马丁公司在1979年获得了“天鹰座”的全部生产承包合同，以及1982年夏季和秋季在亚利桑那州奇瓦瓦进行的包括YMQM-105原型机在内的17项飞行试验许可。

“天鹰座”可以由卡车进行弹射发

下图：在奇瓦瓦，一架洛克希德YMQM-105A靶机正准备进行试飞，其试飞过程从1982年7月一直持续到1987年。

射，用于回收的卡车上布满大量的尼龙网，此外还装备了降落伞以便紧急迫降。“天鹰座”配备有西屋电器生产的包含有稳定激光火炮指示器的光–电有效载荷传感器。但是由于系统和系统集成的问题导致该计划延迟并最终取消。美国军方原本计划在1985年获得具有初始作战能力的MQM–105，但是该计划没有完成，并在1987年终止，洛克希德·马丁公司原本计划的“天鹰座”出口版本——“牛郎星”，也随着YMQM–105计划的终止而取消。

制造商：洛克希德导弹和空间公司
长度：6英尺10英寸（2.08米）
翼展：12英尺9英寸（3.89米）
重量：265磅（120千克）
射程：280英里（450千米）
速度：80英里/小时（130千米/小时）
实用升限：14000英尺（4500米）
制导系统：无线电指令，或预编程自主操作
推进系统：活塞式发动机驱动一个推进式螺旋桨
首次测试时间：1982年（YMQM–105A）
首次部署时间：未曾部署（型号名称为YMQM–105A）

BQM–106“遥控机”

对于XBQM–106，不知道该将它定义为哪种类型的飞机，这种飞机不同于其他类型，它是一种小型的遥控飞机，在1975年和1986年之间完成生产和测试。“遥控机”的飞行试验在FDL–33的飞行动力学实验室进行，它的设计似乎不是作战飞机，而是作为一个实验性的设计，它是一个机身是由复合材料制成的无线电控制模型，高低翼的配置使得“遥控机”的尾巴和机身显得与众不同。XBQM–106A是采用数字化设计，泰里达因·瑞安公司也参与了其中的设计。

制造商：飞行动力学实验室（美国空军）
长度：10英尺1英寸（3米）
高度：2英尺9英寸（0.84米）
翼展：11英尺11英寸（3.63米）
重量：235磅（106千克）
射程：575英里（925千米）
速度：115英里/小时（185千米/小时）
实用升限：10000英尺（3000米）
制导系统：无线电指令遥控
推进系统：活塞式发动机
首次测试时间：1975（遥控机项目开始时间）
首次部署时间：未曾部署（型号名称为XBQM–106A）

MQM-107“飞跑者”

比奇公司早期曾经生产了一些活塞式发动机靶机，现在他们推出了1089型喷气推进无人机以供美国军队进行变速射击靶训练。该靶机已被美国陆军购买，并用于验证MIM-23“霍克”和MIM-104“爱国者”的命中率，美国空军也用它作为空-空导弹的靶机。

“飞跑者”在1974年进行首次测试，它的第一代产品MQM-107A于1975年开始投入生产。随着发动机和其他技术的改进，MQM-107B和MQM-107D分别于1982年和1987年研制成功。MQM-107E是“飞跑者”的最后一代产品，它由英国宇航公司（现英国宇航系统公司）建造，于1992年首飞，并在2003年之前一直保持生产。

根据预测国际数据库在2008年4月的报告，被称为“超级MQM”的MQM-107E是MQM-107D的改进版，它拥有更高的速度和加速度以应对美国空军和海军在演习中的空对空作战训练。相较于MQM-107，MQM-107E预计将更轻、更快和具有更好的机动性。MQM-107E有以下改进：改进的方向升降陀、减小振动的水平稳定器、改变的机翼前缘和一个数字式自动驾驶仪（更快的响应速度、磁航向保持、预置程序和低空飞行能力）。

预测国际数据库的清单显示总共生产了2336架“飞跑者”靶机，其中包括244

下图：2003年9月在墨西哥湾举行的空-空武器系统评估中，一架来自第82中队的MQM-107E“飞跑者”降落在延德尔空军基地进行战斗休整。MQM-107E可用于多种空-空、地-空导弹的靶机，它可被回收，翻新后可再次执行任务。

架MQM–107Bs和1916架MQM–107D/E。

除了美国部队装备的MQM–107S，出口型的“飞跑者”曾经或者正在为埃及、伊朗、约旦、韩国、瑞典、中国台湾、土耳其和阿拉伯联合酋长国的军队服役，澳大利亚军队则选择装备MQM–107E。

制造商：比奇公司（雷神公司在1980–2007年参与）和BAE系统公司（英国航天1977–1999年）（MQM–107E）
长度：18英尺9英寸（5.75米）
高度：5英尺（1.52米）
直径：15英寸（0.38米）
翼展：10英尺11英寸（3.02米）
重量：1460磅（662千克）
射程：1450英里（2330千米）
速度：630英里/小时（1015千米/小时）
实用升限：40000英尺（12200米）
制导系统：预编程或无线电控制制导
推进系统：泰里达因公司微型涡轮涡喷发动机，固体燃料火箭助推器
首次测试时间：1974年
首次部署时间：1975年（型号名称为MQM–107E）

BQM–108

XBQM–108A拥有一个混合动力系统，在1975年左右由美国海军中国湖海军武器研发中心研制完成，它使用MQM–74的机身和尾翼，并对三角翼进行了改装。其目的是能够进行有翼无人机垂直起飞和着陆（VTOL）测试，确定航向的尾翼面就是根据上述目的改进的。显然仅有的这次飞行测试是在安全情况下的一次短距离起飞。

制造商：海军武器研发中心
长度：12英尺（3.66米）
直径：14英寸（0.36米）
翼展：7英尺3英寸（2.21米）
重量：560磅（254千克）
制导系统：吊飞
推进系统：泰里达因公司YJ402涡轮喷气发动机
首次测试时间：1976年
首次部署时间：未曾部署（型号名称为XBQM–108A）

下图：2004年墨西哥湾的战斗测试中，第428飞行中队皮特·戴维驾驶的F–16C发射了一架MQM–107E“飞跑者”无人机。

BGM-109“战斧”和“狮鹫”

BGM-109是起源于美国海军的一种核打击武器，但也曾短时间内作为美国空军冷战后期的一种重要武器。有一种流行的说法是：如果有一种武器可以结束冷战，那么它就是BGM-109。在20世纪80年代后期，当大量可地面发射的BGM-109G被部署到欧洲大陆，戈尔巴乔夫和他的军事指挥官说，他们已经意识到不可能防御这些武器，只能任由它们攻击。尽管这种一边倒的传言有些夸张，但BGM-109的确在终结冷战的过程中发挥了重要作用。

美国海军最初的想法是研发一种可以使用“北极星”潜射弹道导弹发射筒的潜射巡航导弹。在20世纪50年代，美国海军放弃了“雷古拉斯”巡航导弹转而研制“北极星”和后来的潜射弹道导弹，但20年后，由于科学技术的发展，他们准备重新定义巡航导弹的概念。通过对比1976年

上图：1983年11月野外驻训期间，第487战术导弹连队的战士正在升起GLCM的发射装置。

通用动力公司的YBGM-109和林·蒂莫科·沃特公司的YBGM-110进行的飞行试验，美国海军选择了前者签订生产合同。该导弹既能部署在水面舰艇，也能装备到潜艇上。

同时，国防部要求空军的AGM-86和海军的BGM-109系列导弹装载由威廉姆斯公司生产的F107涡扇发动机和由麦道公司生产的AN/DPW-23地形匹配（TERCOM）导航系统。

经过一系列作战评估，“战斧”于1983年开始服役。开始它同时有四个改进型，BGM-109A“战斧”对地攻击核导弹（TLAM-N），以及三型常规弹头导弹，这三种常规弹头的导弹分别是BGM-109B“战斧”反舰导弹（TASM）、BGM-109C“战斧”传统式陆地攻击导

左图：BQM-109陆射巡航导弹（GLCM）首次试射。

弹（TLAM-C）和装载子母弹的BGM-109D“战斧”新射手陆射巡航导弹（TLAM-D）。BGM-109D携带了一些了小的弹头，而不是单弹头有效载荷。1986年，传统舰射TASMs和TLAMs把代号改为RGM，而潜射的则改为UGM。

舰射型“战斧”使用的是标准Mk.41垂直发射系统（VLS），并在20世纪80年代首次部署。垂直发射系统易于使用，具有比炮塔和导轨发射装置更少的反应时间，并且早已成为许多类型导弹的标准舰射平台。

空中发射的AGM-109改进型是为空军设计的，由于AGM-86空射巡航导弹已经服役，没有被空军采购。

BlockIII的升级版拥有更紧凑的弹头和GPS功能的导航系统，并于1993年达到了IOC。经过进一步改进，“战斧”导弹的成本有所降低，RGM/UGM-109E TLAM战术“战斧”Block IV型（TacTom）于2003年首次试射，并在2004年达到IOC。拥有对坚硬目标穿透能力的RGM/UGM-109H在2003年进行了首次测试。

在1991年“沙漠风暴”行动期间，RGM/UGM-109E在实战中表现优异，因而在20世纪90年代被美军在各个战场广泛使用。根据简氏信息集团编制的数据，在“沙漠风暴”行动中共使用了264枚TLAM-CS和27枚TLAM-DS导弹，1993—1996年间对伊拉克进行的进一步打击中又使用99枚。1995—1999年之间得巴尔干地区行动中，至少有338枚BlockIII TLAM被使用。在1998年打击苏丹和阿富汗恐怖分子时使用了79枚Block III TLAM导弹。

简氏信息集团估计，至少有50枚TLAM在2001年10月的“持久自由行动”中被使用，有大约800枚在2003年3-4月用于对伊拉克实施打击。在1998年英国皇家海军潜艇首次发射TLAM，上述的800

左图：20世纪80年代中期，通用动力公司康维尔分部在圣地亚哥的工厂。工人们正在组装“战斧”巡航导弹。

枚中就有一些是由它发射的。

BGM-109G地面发射巡航导弹（GLCM）用于装备美国空军，它是根据美国海军“战斧”改进而来，被正式命名为“狮鹫”，但它更广为人知的是字母缩写后的“Glick-Um”。

在20世纪50年代，美国空军在欧洲部署了少量的地面发射的“斗牛士”和“权杖”战术巡航导弹。20世纪60年代中期，上述两种导弹逐步退役，然而替代它们的导弹却迟迟没有部署，直至1977年，空军才选择由BGM-109G代替它们的地位。

被北约称为SS-20“军刀”的苏联RSD-10“先锋”导弹在部署之后，给了美国很大的刺激。这种可移动的中程弹道导弹可以轻易对西欧的任何目标进行核打击，英国和西德都要求美国在西欧部署战术核威慑力量来应对这一威胁，美国为此在西欧部署了美国陆军的“潘兴”II和美国空军的BGM-109G地面发射巡航导弹。

从外形看，BGM-109G和“战斧”拥有大致相同的尺寸和重量，其W84热核弹头也和TLAM-N的W80非常相近。

美军的第一代地面发射巡航导弹在1980年问世，它于1983年部署到格林汉姆·科门的英国皇家空军。1987年8月，共计464枚GLCM被部署在比利时、西德、荷兰、西西里岛和英国。和苏联的IRBM导弹一样，该巡航导弹是可移动的，因此它们可以装备到具有四个发射筒的卡车拖车上。

冷战结束后，从苏联的解密文档中可以看出，苏联领导层对GLCM的关注异乎寻常。拥有地形匹配制导的TLAM和GLCM可以让导弹飞得很低，以至于导弹几乎不可能被探测和拦截。可以看出，苏联是将GLCM看作一个战略部署。

在西方，那些热衷于冻结核武器的活动有利于核力量的不断削减，同时反对核危险程度的提升。哪些大声疾呼的抗议者在格林汉姆·科门建立了半永久性的“和平阵营”。奇怪的是，在美国部署GLCM时，这些人没有像苏联部署中程弹道导弹那样提出抗议。

美国方面，保罗·沃纳克曾主持过卡特政府的军备控制与裁军，他在《华盛

右图：第868战术导弹训练中队的技师詹姆斯·布朗丁正在GLCM的控制台操作其模拟器。他在检查GLCM的程序和环境控制面板。1983年后的计算机技术的进步和其功能的扩展是一件有趣的事情。

上图：1979年4月，一枚AGM-109“战斧”空射巡航导弹从一架B-52飞机上卸载下来。

下图：1979年4月，安装在一架B-52飞机弹仓内旋转发射装置上的AGM-109“战斧”空射巡航导弹。

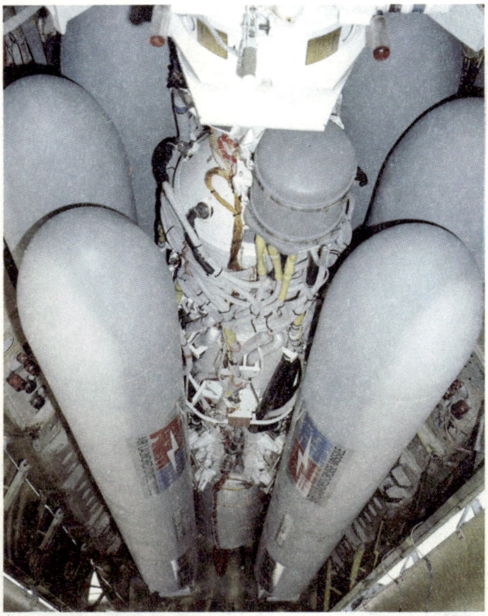

上图：1983年5月美国南加州，一枚“战斧”导弹由USS“新泽西”号战舰发射升空，它将飞行500千米，攻击位于内华达州托诺帕的目标。

上图：1987年左右，一枚BGM-109D“战斧”地-空导弹在试飞。

上图：1994年2月，美国“圣菲达”核攻击潜艇，打开的位置是“战斧”导弹MK-36垂直发射系统的舱门。

左图：一枚“战斧”IV导弹，它是2002年11月新型“战斧”导弹在太平洋上空的测试飞行。在这次测试中，导弹成功地完成了水下垂直发射，在全程制导下，成功飞行780英里，按计划打击了指定目标。

右图：1991年1月美国“沙漠风暴”行动中，美国核动力导弹巡洋舰“密西西比”号左舷上的发射装置MK.143发射了一枚BGM-109 TLAM“战斧”导弹向伊拉克的目标飞去。

顿邮报》上发表了一篇针锋相对的文章，认为如果美国单方面停止部署GLCM，而不管苏联部署的RSD-10，那么美国将面临与苏联的关系进一步恶化，西欧也会对美国失去信心，美国的领导地位就会下降。

沃纳克对苏联的态度预测很准确，苏联方面对此确实相当气愤，不过事情发展的结果却跟他预测的完全相反。

更离谱的是，沃纳克曾抱怨说：“GLCM已经没有存在的军事价值。”由于GLCM的威慑作用，苏联被迫与美国就中程和中短程核力量（INF）问题展开讨论，并达成于1988年开始生效的条约。美国同意撤回GLCM，苏联也撤回它部署在东欧的相应导弹，这是美苏双方在冷战期间达成的又一个协议。

“狮鹫”曾在欧洲短时间部署过，并发挥了相当大的作用，不过它最终在1988—1991年之间被撤出。

制造商：通用动力公司
长度（所有改进型）：18英尺3英寸（5.56米）
长度（所有改进型，带增压）：20英尺6英寸（6.25米）
直径（战斧改进型）：20.9英寸（0.53米）
直径（GLCM）：20.4英寸（0.52米）
翼展（所有改进型）：8英尺7英寸（2.6米）
重量（TLAM-N）：2600磅（1180千克）
重量（TLAM-N增压）：3200磅（1450千克）
重量（TLAM-C）：2700磅（1220千克）
重量（TLAM-C增压）：3300磅（1490千克）
重量（GLCM）：2650磅（1200千克）
重量（带助推器的GLCM）：3250磅（1470千克）
射程（TLAM-N）：1550英里（2500千米）
射程（TLAM-C）：540英里（870千米）
射程（GLCM）：1550英里（2500千米）
速度：550英里/小时（880 千米/小时）
制导系统：地形匹配，后来为地形匹配与GPS结合
推进系统：威廉姆斯F107涡扇发动机
战斗部：常规或热核弹头（见正文）
首次测试时间：1976年（战斧），1980年（GLCM）
首次部署时间：1983年（战斧），1983年（GLCM）

BGM-110

在美国海军潜射巡航导弹（SLCM）的竞争中，该导弹被BGM-109“战斧”击败，并逐步被人遗忘，它甚至被一些人认为是一种空射导弹。倘若YBGM-110A在1976年2月的潜艇发射试验中表现不是那么糟糕的话，它还是很有竞争力的，但是试验的失败最终使其和“战斧”导弹在一个月后具有不同的命运。

制造商：林·蒂姆科·沃特公司（LTV）
长度：17英尺10英寸（5.43米），助推器：20英尺6英寸（6.25米）
直径：21英寸（0.53米）
翼展：10英尺6英寸（3.20米）
射程：1500英里（2400千米）
速度：0.7马赫
制导系统：地形匹配制导（TERCOM）
推进系统：Teledyne公司J471涡轮喷气发动机
战斗部：W80热核弹头
首次测试时间：1975年左右
首次部署时间：未曾部署（型号名称为YBGM-110A）

BQM-111“火把”

“火把”的研制始于1977年，其目的是设计一个目标靶机以检验美国海军舰空导弹对低空反舰导弹的打击能力。由于有研制遥控无人机“火蜂”和“萤火虫”的经验，瑞安公司获得了这份合同。像早期的无人机一样，“火把”由DC-130载机从空中发射。就在“火把”已经制造出来准备进行飞行试验的时候，该项目却因资金问题而被迫终止。美国海军决定临时用MQM-7“破坏者”（由RIM-7“麻雀”改进得到）来替代“火把”，以等待新的AQM-127超音速低空靶机的出现。然而，AQM-127超音速低空靶机项目最终也被取消。

制造商：泰里达因 瑞安公司
长度：34英尺（10.4米）
直径：28英寸（0.71米）
翼展：10英尺（2.74米）
重量：6200磅（2800千克）
速度：2.1马赫
实用升限：40000英尺（12200米）
制导系统：预编程，或者无线电控制覆盖
推进系统：两个马夸特冲压发动机与聚硫橡胶固体燃料火箭助推器
首次测试时间：未曾测试
首次部署时间：未曾部署（型号名称为ZBQM-111A）

无动力的GUB-15电视光学制导滑翔炸弹，AGM-112在研究后并没有使用。

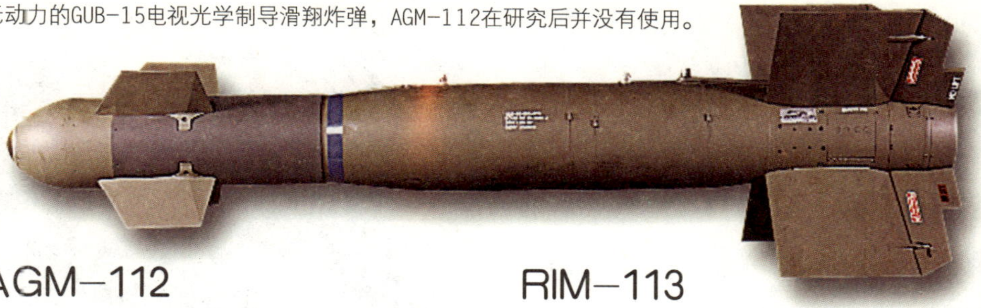

AGM-112

AGM-112A和AGM-112B这两个编号本来是留给GBU-15滑翔炸弹的系列改进型。与AGM-62 “白眼星”一样，该武器采用无动力自主制导，因此不能称之为导弹。虽然“白眼星”保留了其导弹的命名，但是AGM-112在官方文件中却没有正式的编号。最终，拥有“捆绑式”火箭发动机的GBU-15改进型在1994年被开发和部署，不过其编号是AGM-130。

GBU-15本来是装有一个通用Mk.84炸弹，后来的GBU-15改为装备BLU-109钻地弹。GBU-15另外一种常见的炸弹是激光制导炸弹，在两次海湾战争中都能看到它的身影。

制造商：罗克韦尔国际公司，后来由波音和雷神公司制造

长度：12英尺10.5英寸（3.92米）

直径：18英寸（0.46米）

翼展（尾翼）：4英尺11英寸（1.50米）

重量：2450磅（1100千克）

射程：15英里（24千米）

制导系统：电视和红外制导

推进系统：无

战斗部：高爆炸药

首次测试时间：1975年

首次部署时间：1981年左右（型号名称为GBU-15）

RIM-113

美国海军舰载中程导弹武器系统（SIRCS）计划于1976年发起，旨在为水面舰艇提供巡航导弹防御系统。该系统包括雷达、火力控制以及导弹分系统。海军希望开发一种被称为XRIM113A的全新导弹，由于国会正在削减预算，当质问海军为什么升级RIM-7“海麻雀”不能满足要求时没有得到满意的答案，因此他们在RIM-113A选择承包商设计之前就终止了该方案。

AGM-114“地狱火”

AGM-114计划开始于1971年，当时美国陆军正寻求开发一个轻量级的、能够发射后自寻的、装备在武装直升机上的反坦克导弹。该导弹被命名为“地狱火”，是“由直升机发射的发射后自寻的导弹”的缩写。

1976年年初，“地狱火”的研发交给了生产导弹的罗克韦尔公司和生产激光导引头的马丁公司。在1978年和1981年之间，YAGM-114A的原型进行了测试，1985年取得了采购许可证并装备到陆军AH-64攻击直升机。与此同时，装有排烟量更小的发动机和安全系统的AGM-114B用于装备美国海军和海军陆战队。此后的改进型是AGM-114F，它拥有双弹头以应对具有反作用力的装甲钢板。

新一代的“地狱火”II导弹在1989年和1994年之间研发，但1991年“沙漠风暴”行动证实其有改进的必要。“地狱火”II装有比AGM-114F小的双弹头、一个新的自动驾驶仪和更灵活的软件系统。AGM-114K“地狱火”II于1994年开始服役。

上图：2004年6月在伊拉克巴拉德空军基地，挂载在美国空军MQ-1L“捕食者”无人机上的AGM-114“地狱火”导弹。外面刻着：“光荣的罗纳德·里根”。

自1998年部署以来，AGM-114K衍生出一个拥有主动雷达导引头和可与AH-64D“长弓”阿帕奇直升机上雷达协同工作的AGM-114L“长弓地狱火”。

“地狱火”II的改进型包括AGM-114M和AGM-114N，AGM-114M有爆炸碎片弹头，可应对没有盔甲的车辆和城市目标；AGM-114N装有温压延时（空气燃料炸药）爆破战斗部。

左图：1982年3月，一架YAH-64“阿帕奇”直升机在贝尔沃堡进行飞行表演，它装备了M230A1 30毫米自动炮和早期的AGM-114A“地狱火”导弹。

上图：一枚AGM-114“地狱火”Ⅱ导弹由美国海军陆战队的AH-1Z“毒液”武装直升机发射。

上图：正如马丁·玛丽埃塔公司公共事务团队所说的那样，载人“地狱火”炮塔系统具有攻击直升机的能力。

“地狱火”的标准装备平台包括陆军的AH-64、海军陆战队的AH-1和海军的SH-60直升机。不过，它也可以装备在许多其他直升机、固定翼飞机，甚至陆地和海上发射平台上。

从2001年开始，美国空军和中央情报局已经使用“地狱火”武装RQ-1/MQ-1“捕食者”无人机（UAV）以增强该监控平台的攻击能力。2007年装备部队的MQ-9“死神”无人机，除了其本身所具有的进攻能力，“地狱火”也是其标准武器。这些由“地狱火”武装的无人机已经被用于在阿富汗和巴基斯坦攻击有重要价值的目标。

飞行高度更高的AGM-114P和“碉堡克星”AGM-114R也专门用于装备在无人机上。

除了美国军队外，“地狱火”已经或正在装备到澳大利亚、埃及、法国、希腊、印度、伊拉克、以色列、意大利、日本、约旦、科威特、黎巴嫩、荷兰、挪威、中国台湾、沙特阿拉伯、新加坡、瑞典、土耳其、阿拉伯联合酋长国和英国的军队。

“地狱火”的另一种衍生型号称为“地狱之火的燃料”（圣经词语），该导弹由英国马特拉BAE动力公司

左图：美国海军陆战队队员从169直升机中队的AH-1“超级眼镜蛇”轻型攻击直升机上卸载AGM-114“地狱火”导弹。

（MBDA）（由英国、法国、德国、意大利财团组成的导弹公司）和波音公司合作研制。“地狱之火的燃料”于2005年开始在英国皇家空军服役。

制造商： 马丁·玛丽埃塔和罗克韦尔国际公司，现在是洛克希德·马丁公司和波音公司
长度： 5英尺10英寸（1.78米）
直径： 7英寸（0.18米）
翼展（尾翼）： 13英寸（0.33米）
重量： 110磅（50千克）
射程： 5.6英里（9千米）
速度： 1.3马赫
制导系统： 半主动激光寻的或主动雷达导引头（AGM-114L）
推进系统： 聚硫橡胶固体燃料火箭
战斗部： 主要为反装甲爆炸物（见正文）
首次测试时间： 1978年
首次部署时间： 1985年（型号名称为AGM-114L“地狱火”II，1994年部署）

下图：AGM-114L“长弓地狱火”导弹概念模型使用毫米波火控雷达，由装备它的直升机主旋翼提供瞄准数据来匹配这种导弹的毫米波引导头。

MIM-115“罗兰”

虽然“罗兰”导弹的体积比“霍克”小，而且射程也更近，但美国陆军还是采购了大约600枚欧洲“罗兰”地-空导弹作为潜在的近程防空武器。

欧洲导弹公司是由法国的北方航空公司和德国的梅塞施米特·伯尔科·布洛姆公司联合组建的，“罗兰”导弹就是其1964—1977年间不断努力的结果。该导弹于1977年开始在法国军队服役（比原计划晚了7年），而改进型的全天候“罗兰”II于1978年开始在德国军队服役。

美国陆军在1974年开始对该型导弹进行评估，并交由美国休斯公司和波音公司进行生产。美国的XMIM−115A“罗兰”II导弹在1978年第一次试射，“罗兰”II导弹的生产一直持续到1985年，由于技术问题它没有正式装备美国陆军，但是在一个美国陆军国民警卫队的防空营，直到1988年还有大量的MIM−115A库存。

在世纪之交的其他地方，比如法国、阿根廷、巴西、伊拉克、尼日利亚、卡塔尔、斯洛文尼亚、西班牙和委内瑞拉，“罗兰”导弹的改进型仍在服役。进入21世纪，德国才由其新一代的制导导弹来取代“罗兰”导弹。

几十年来，“罗兰”导弹已经至少有过成功杀伤战例。1982年，阿根廷用“罗兰”导弹击落了一架英国“鹞”式战机；2003年，伊拉克用它击落了一架美国A−10战机。

制造商：波音公司和休斯公司
长度：7英尺10.5英寸（2.4米）
直径：6.3英寸（0.16米）
翼展（尾翼）：20英寸（0.51米）
重量：148磅（67千克）
射程：5英里（8千米）
速度：1.6马赫
实用升限：18000英尺（5500米）
制导系统：视距无线电指令
推进系统：固体燃料火箭
战斗部：高爆炸药
首次测试时间：1968年（欧洲版），1978年（美国版）
首次部署时间：美国没有正式部署（型号名称为MIM−115A）

左图：1984年2月，安装在卡车上的低空MIN−115“罗兰”地−空导弹在白沙导弹发射场的第32综合发射场发射。陆军最初将“罗兰”导弹安装在M−109履带式卡车上，后来通过修改，换成重5吨的M812A1卡车。

RIM-116滚转弹体导弹（RAM）

由于巡航导弹对舰艇的潜在威胁，美国国防部认为建立完善的导弹防御系统以抵御巡航导弹的攻击变得非常急迫。国防部希望能够以现有导弹为基础对导弹系统进行升级，在这种情况下，采用AIM-9的弹头、MIM-72的发动机和FIM-92的红外导引头就被组合在一起成为新的RIM-116滚转弹体导弹。然而，RIM-116的研发过程还是经历了16年。

RIM-116的研发计划始于1976年，XRIM-116A在1978年首次试飞。不过，即使20世纪80年代初的拦截试验是成功的，直到1992年RIM-116A是还无法投入作战使用。（同时，首次飞行所使用的操作系统已经全部更换，并被BGM-109G巡航导弹的操作系统代替。）

RIM-116一旦投入使用，就被广泛部署。美国海军在包括两栖攻击舰、护卫

上图：2008年5月，船员正在拆卸“尼米兹”级航空母舰“哈里杜鲁门”号上的RIM-116导弹系统。

舰、运输舰和“尼米兹”级航空母舰等80多舰艇上安装了RIM-116发射装置。德国海军在“布伦瑞克”级巡洋舰和他们21世纪初生产的所有新舰艇上都安装了两个RIM-116发射装置，埃及、希腊、土耳其和韩国的海军也都将RIM-116加入了其军械库，RIM-116的典型发射系统是21管的Mk.49筒式发射器。

该导弹是由德国的迪尔施蒂夫通公司（及其继承公司）和美国一部分公司合作研发的。它最初是由通用动力公司生产，1992年转由休斯飞机公司生产，1997年又交由雷神公司生产。

由于RIM-116的自旋稳定特征，因此它被称为滚转弹体导弹（RAM）。在制导方面，RIM-116A（Block 0）依靠雷达跟踪目标和红外末制导。但20世纪90

左图：2005年5月左右，一枚RIM-116滚转动弹体导弹正在发射。

年代开发的RIM-116B（Block 1），仅仅采用了红外跟踪制导。

海军滚转弹体导弹Block 1B于2008年开始装备部队，它把导弹和雷达组网防空系统及雷神的近程防御武器系统结合起来，并装有一个20毫米的多管速射火炮。

制造商：德国迪尔BGT防务公司和雷神公司（见正文）
长度：9英尺4英寸（2.82米）
直径：5英寸（0.13米）
翼展（尾翼）：17.5英寸（0.45米）
重量：162磅（73.5千克）
射程：4.7英里（7.5千米）
速度：大于2马赫
制导系统：红外寻的制导系统，被动雷达寻的
推进系统：固体燃料火箭
战斗部：爆炸破片
首次测试时间：1978年
首次部署时间：1992年（型号名称为RIM-116B）

下图 FQM-117和陆基MQM-143小型远程控制目标靶机都是采用活塞发动机驱动，外形是苏联时期战机的比例模型，它们用来作为FIM-92“毒刺”的靶机，B型号模拟苏-25飞机。

FQM-117

FQM-117的不同之处在于它使用时不需要其他车辆的辅助，仅仅需要200美元就可以完成从部署到发射准备的全过程。

小型无线电控制靶机（RCMAT）具有目标小、由木材和发泡胶制造的特点，这种在商店就可买到的无线电控制飞机模型曾在20世纪80年代初用于地空射击训练。FQM-117A是一种简单的三角翼飞行器，而FQM-117B和FQM-117C则是按照1:9的比例仿制米格-27和F-16的飞机模型，其他类型的飞机也被FQM-117的改进型所模拟。

FQM-117总共生产了10万架左右，其中大约有一半是FQM-117B。MQM-143A是按照1:5的比例模仿苏-25飞机和Mi-24雌鹿武装直升机，它在20世纪90年代取代了FQM-117，剩余的FQM-117则被当作飞机模型在网上出售。

制造商：RS-系统公司
长度：6英尺（1.83米）
翼展：5英尺6英寸（1.68米）
重量：8磅（3.6千克）
射程：15英里（24千米）
速度：75英里/小时（120千米/小时）
实用升限：10000英尺（3000米）
制导系统：无线电控制
推进系统：活塞式发动机
首次测试时间：1979年左右
首次部署时间：1980年左右（型号名称为FQM-117B）

LGM-118“和平卫士”

“和平卫士”是美国研发的一种用来替代“民兵”导弹的洲际弹道导弹。然而经过14年多的发展和19年的部署，在“和平卫士”退役之后，“民兵”导弹依然在服役。

“民兵”导弹是在1963年开始部署的，在其部署的最初几年内，美国空军经过考虑后拒绝了BGM-75作为其替代者的建议。这一想法在1972年的时候被重新审视，当时的背景是美国洲际导弹具有压倒性的优势，苏联开始部署多弹头洲际弹道导弹。经过对新型洲际导弹各种构造因素十多年的研究，得出一个概念性的名称“MX”（导弹，实验）。

该导弹在1979年编号为MGM-118，随后它又被重新编号为LGM-118或LG-118。在1982年，它被美国总统罗纳德·里根命名为“和平卫士”。“和平卫士”由三级固体燃料和被动段的一个液体燃料提供动力。鉴于多弹头分导再入型的“民兵”III导弹有3个弹头，“和平卫士”有10个分导再入弹头，每个再入弹头包含300万吨当量的W87核战斗部。

上图：1983年8月范登堡空军基地，一枚MGM-118A“和平卫士”洲际弹道导弹正在装配。

“和平卫士”导弹在1983年6月的加利福尼亚州范登堡空军基地首次成功发射，该试验导弹最终坠落在距发射中心4190英里的夸贾林靶场附近。

在此期间，导弹的基本方案具有很大争议，一个最明显的例子就是关于利用“民兵”发射井发射的提议开始就被拒绝

左图：1983年6月范登堡空军基地，吸震垫从MGM-118A“和平卫士”洲际弹道导弹表面脱落。

左图：1985年2月，在范登堡空军基地飞行测试期间，一枚MGM-118“和平卫士”洲际弹道导弹从试验发射阵地发射。

了。1979年，根据卡特政府提出的“赛马场系统”设想，MGM-118S将在犹他州和内华达州数百英亩沙漠上的公路或铁路网上随机机动，这样苏联将不知道它们部署在哪里，从而迫使苏联花费大量的导弹在第一波打击后仍不能肯定他们是否已经消灭了美国所有的核弹头。

国防部在拒绝支付“赛马场系统”的费用之后就开始考虑多重防护壳计划（MPS），该计划含有大量的掩体可以使导弹随机机动——像剥豌豆游戏一样。

1982年10月，里根政府提出代号为“密集间隔”的紧密间隔计划（CSB），根据该计划，所有的“和平卫士”导弹将集中在5872英亩的怀俄明州沃伦空军基地。密集间隔的理由是，在所有的导弹集中起来后，肯定有一些可以在打击之后保存下来。然而，CSB计划下导弹生存能力带来一系列的问题，所以该计划再次回到了当初设计的构想。

右图：操作人员正为“和平卫士”洲际弹道导弹装载四个独立目标再入弹头。

下图：1986年4月水星试验场，一枚在测试期间发射的LGM-118A“和平卫士”洲际弹道导弹鸟瞰图。

上图：1996年3月，来自第90执行小组的评估人员马克舒勒队长和成员肖恩克拉克正在操作输入数据，并传输给靠近沃伦空军基地的导弹生产训练基地导弹发射设备上。

国会在1983年5月又开始考虑以前被拒绝的在沃伦空军基地利用“民兵”导弹发射井发射“和平卫士”提议。前10枚导弹在1986年12月部署值班，最终全部50枚导弹在1988年部署完毕。与此同时，国防部宣布另外的50枚“和平卫士”导弹将按照“铁路驻军”的移动方案部署。到1992年年底，这50枚导弹两个一组部署于25趟停在沃伦空军基地和其他从斯波坎到巴吞鲁日的五个基地火车上。

然而在1989年4月，美国国会决定对已经交付的50枚“和平卫士”导弹进行限制。原计划将这些导弹拉出发射井，并把它们纳入“铁路驻军”计划，但在此之前，冷战结束了。美国总共生产了114枚“和平卫士”导弹，其中超过一半用于试验，其他的也没有部署。

在2003年和2005年9月，“和平卫士”逐渐从发射井拉出并退役。

制造商：马丁·玛丽埃塔（洛克希德·马丁公司在1995年以后）
高度：71英尺6英寸（21.79米）
直径：7英尺7英寸（2.31米）
重量：195000磅（88300千克）
射程：超过6800英里（10900千米）
速度：15000英里/小时（24000千米/小时）
实用升限：500英里（800千米）
制导系统：惯性制导（高级惯性基准球）
推进系统：聚硫橡胶固体燃料火箭（第一阶段），喷气飞机公司固体燃料火箭（第二阶段），大力士固体燃料火箭（第三阶段），洛克达因液体燃料火箭（被动段）
战斗部：10个W87热核弹头
首次测试时间：1983年
首次部署时间：1986年（型号名称为LGM-118A）

AGM-119“企鹅”

AGM-119“企鹅”反舰导弹20世纪70年代由挪威康斯伯格开发研究，自1972年以来，“企鹅”导弹一直在挪威和土耳其海军服役，1980年后，希腊和瑞典也开始装备。“企鹅”最初属于舰射导弹，后来又拥有可在空中发射的改进型，而这个版本首先被美国海军在1994年采购。

1980年，原来的Mk.1被射程更远的MK.2所取代，1987年可以空射的Mk.3，首次服役并挂载到挪威的F-16战斗机上。Mk.3被美国海军购买并编号为AGM-119A，但大部分人还是倾向于叫它Mk.2或改进7型。服役于美国海军的AGM-119B，主要装备在SH-60“海鹰”直升机上。2003年以后，澳大利亚海军的直升机武器系统也装备有“企鹅”导弹。

2007年后，康斯伯格开始销售其新研制的海军攻击导弹（NSM），用来替代“企鹅”导弹。

制造商：康斯伯格防务与航空航天公司
长度：10英尺8.5英寸（2.96米）
直径：11英寸（0.28米）
翼展（尾翼）：4英尺8英寸（1.42米）
重量：800磅（365千克）
射程：18英里（28千米）
速度：0.8马赫
制导系统：被动式红外制导
推进系统：固体燃料火箭
战斗部：穿甲弹
首次测试时间：大约1970年
首次部署时间：1972年（挪威），1994年（美国海军）（型号名称为AGM-119B）

下图：2002年7月，在冲绳附近的太平洋海域，SH-60B“海鹰”直升机正在发射AGM-119“企鹅”反舰导弹。

AIM-120先进中程空-空导弹

AIM-120先进中程空-空导弹是在20世纪80年代开发的，虽然作为AIM-7“麻雀”最后继承者的AIM-120于1991年开始部署，但是这两种导弹在美国海军和空军共存了20年。

尽管在外观上与“麻雀”导弹十分相似，AIM-120先进中程空-空导弹采用体积更小、速度更快的主动雷达，这可以使飞行员采用“发射后自寻的”的模式同时发射多枚导弹。先进中程空-空导弹也可以用来打击低空目标，并能对抗目标飞行器对空-空导弹实施的干扰。

在20世纪70年代末，海军和空军联合对空-空导弹的空中拦截导弹性能（AIMVAL）和空战性能（ACEVAL）进行评估。从评估结果来看，AIM-9“响尾蛇”导弹拥有明显的短程优势（大约10千米），而中程（大约40英里，或“超视觉”）导弹的发展方向则是先进中程空-空导弹。

经过初步测试，首批推出的先进中程空-空导弹基本配置于1984年确定，第一批AIM-120A于1988年交付空军。在该导弹达到了定型生产的标准后，分别于1991年和1993年装备美国空军和海军。AIM-120A先进中程空-空导弹的改进型AIM-120B于1994年开始交付使用，其后的AIM-120C（射程增加至45～65英里）也在1996年开始部署。2008年首次试射的AIM-120D，其射程较AIM-120C增加了50%。

除了美国军队，先进中程空-空导弹已出口到30多个国家，其中包括北约成员

下图：2003年11月，在墨西哥湾进行的战斗系统评估中，第21战斗中队的一架F-16C正在发射AIM-120中程空-空导弹。

左图：2003年4月伊拉克“自由行动”期间，第157飞行中队的维修员正在对悬挂在F-16CJ“战隼”上的AIM-120先进中程空-空导弹作维护检查。

国、澳大利亚、智利、以色列、日本、约旦、科威特、马来西亚、阿曼、巴基斯坦、沙特阿拉伯、新加坡、韩国、瑞典、瑞士和阿拉伯联合酋长国。

先进中程空-空导弹首次在战斗中使用分别是在1992年和1993年，美国空军的F-16战斗机在南方守望军事行动中击落伊拉克两架“米格”战斗机。在1994年，美国的F-15战斗机意外击落了两架美国“黑鹰”直升机。随后，荷兰和美国分别有1枚和6枚先进中程空-空导弹在巴尔干战争中获胜。

20世纪90年代以来，美国陆军对地基发射的先进中程空-空导弹的改进型进行了评估，其中包括底盘采用“悍马”轮式车辆的车载先进中程空-空导弹。海军陆战队为补充其低空武器系统（鹰爪）也在同一时间对先进中程空-空导弹进行了评估。2009年，由陆军战术导弹系统（ATACMS）改进而来的高机动性炮兵火箭系统（HIMARS）对AIM-120地基发射的改进型（SLAMRAAM）进行了试射。

制造商：休斯飞机公司（1997年后雷神公司）
长度：12英尺（3.66米）
直径：7英寸（0.18米）
翼展（尾翼）：17.6英寸（0.45米）
重量：345磅（157千克）
射程：65英里（105千米）
速度：4马赫
制导系统：惯性制导，主动雷达制导
推进系统：固体燃料火箭
战斗部：爆炸破片
首次测试时间：1984年（作战配置）
首次部署时间：1991年（型号名称为AIM-120C）

CQM-121“铺路虎”/“寻的头罩”

在1979年，波音飞机公司开始内部资助一个称为波音机器人飞行器（BRAVE-200）的廉价工艺项目，这是一种像巡航导弹一样的可回收多任务无人机。与同样大小的洛克希德公司MQM-105相比，它是一个拥有后掠翼和螺旋桨推进器、结构紧凑的无尾翼无人机。

1983年，美国空军将BRAVE-200编号为YCQM-121A“铺路虎”。美国计划于1987年在德国部署数以千计的“铺路虎”以应对华沙组织可能的入侵。把“铺路虎”装在盒子里，用小火箭助推器发射，用降落伞回收（如果可能的话）。

在次数有限的飞行测试之后，“铺路虎”因程序出现问题而被取消。空军对此的解释是“低估了整合机身和瞄准系统的复杂性”。冷战期间，这句话对取消某些不想解释的方案的确非常有用。

尽管这样，德国政府仍于1986年表示他们愿意购买数以千计的“铺路虎”无人机。虽然在德国有梅塞施米特·伯尔科·布洛姆无人机的竞争，德国还是考虑继续使用BRAVE-200“铺路虎”作为反雷达系统武器。在空军的“寻的头罩”计划中，1987—1989年装备部队的YCGM-121B使“铺路虎”在一段时间内又为人们所熟知。YCGM-121B是一种用来攻击敌人雷达站的武器。

波音飞机公司后来开发和测试了一个喷气推进的BRAVE-3000，但是没有客户对此有兴趣。

制造商：波音飞机公司
长度：6英尺11英寸（2.12米）
高度：2英尺（0.61米）
翼展：8英尺5英寸（2.57米）
重量：280磅（130千克）
射程：500英里（800千米）
速度：200英里/小时（320千米/小时）
实用升限：10000英尺（3000米）
制导系统：预编程的自动驾驶仪（YCQM-121A）、雷达制导（YCGM-121B）
推进系统：活塞式发动机，固体火箭助推器
战斗部：高爆炸药
首次测试时间：1983年
首次部署时间：未曾部署（型号名称为CQM-121A）

下三图：波音飞机公司为YCQM-121A“铺路虎”设计的独特存储器，它的外观像一个公交车站的投币式储物柜，或者说是太平间。该无人机被拆成15个模块运往中欧，如果第三次世界大战爆发，他们将被重组，并用于攻击苏联的防空系统。

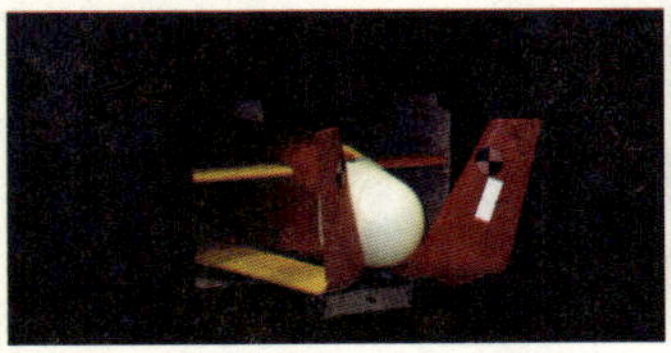

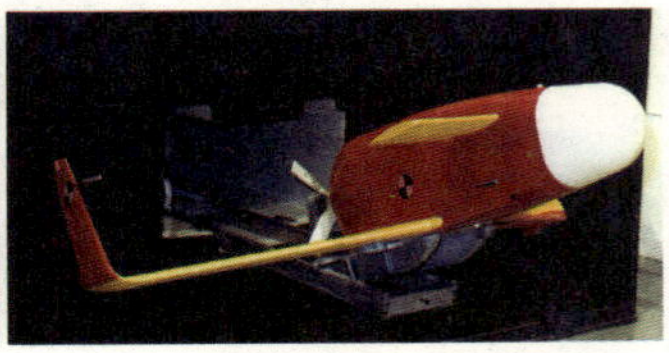

AGM-122“响尾蛇”反辐射导弹

顾名思义，这种武器背后的设想是开发一种反辐射导弹（基于AIM-9“响尾蛇”机身的反辐射导弹）。因为使用现有的硬件设备，所以理论上它比全新的导弹或AGM-88“手枪”会便宜很多。该导弹由中国湖海军武器中心研制，由摩托罗拉公司将现有的约700枚AIM-9C升级为AGM-122A以供海军陆战队使用。美军曾有研制新一代“手枪”改进型AGM-122B的计划，但是没有付诸行动。

制造商：摩托罗拉公司
长度：9英尺5英寸（2.87米）
直径：5英寸（0.13米）
翼展（尾翼）：24.8英寸（0.63米）
重量：195磅（88千克）
射程：10.2英里（16.5千米）
速度：2.5马赫
推进系统：大力士固体燃料火箭
战斗部：爆炸碎片
首次测试时间：1981年
首次部署时间：1986年（型号名称为AGM-122A）

下图：1981年10月，美国海军在中国湖对装备进行测试，一枚AGM-122安装在一架AH-1T“海眼镜蛇”上。

AGM-123“竹刀鱼”

AGM-123是由中国湖海军武器研发中心设计，并交由艾默生公司建造了约2500枚的低成本反舰导弹。就像无动力的GBU-15制导炸弹被短暂的编号为AGM-112一样，得州仪器公司生产的装有捆绑式火箭发动机的GBU-16“宝石路”II激光制导炸弹编号为AGM-123。（GBU-15是配有制导单元的Mk.84炸弹，GBU-16是配有制导单元的Mk.83炸弹。）

由于AGM-123的飞行路径容易让人联想到平坦的岩石在水面航行，因此该导弹被命名为“竹刀鱼”。“II”来自“宝石路”II的命名。因此一直不存在“竹刀鱼”I。

制造商：美国艾默生电气公司
长度：14英尺1英寸（4.29米）
直径：19.6英寸（0.50米）
重量：1283磅（582千克）
射程：15.5英里（25千米）
速度：680英里/小时（1100千米/小时）
制导系统：激光制导
推进系统：喷气飞机公司固体燃料火箭
战斗部：高爆（Mk.83炸弹）炸药
首次测试时间：1980年
首次部署时间：1985年（型号名称为AGM-123A）

下图：1985年海军武器中心，一枚AGM-123A“竹刀鱼”II挂载在A-7“海盗”飞机机翼下。

AGM-124“黄蜂”

冷战时期北约的常规地面部队，尤其是坦克数量方面与华沙条约组织的军队兵力悬殊。为了弥补这一缺点，美国空军转而寻求技术方面的优势，他们认为空中力量能够有效地消灭大量坦克。集束炸弹包括被考虑过的“集束导弹”就是这样的武器。波音飞机公司和休斯公司均提交了项目申请，而后者赢得了生产AGM-124A的合同。就在人们想象拥有12轮发射吊舱的A-10飞机发射“黄蜂群”场景的时候，该项目在1983年进行首次飞行试验后就被取消了。

制造商：休斯飞机公司
长度：5英尺（1.52米）
直径：8英寸（0.20米）
翼展（尾翼）：20英寸（0.51米）
重量：125磅（57千克）
射程：6.2英里（10千米）
制导系统：预编程的自动驾驶仪与红外末制导
推进系统：固体燃料火箭
战斗部：破甲弹
首次测试时间：1983年
首次部署时间：未曾部署（型号名称为AGM-124A）

UUM-125“海长矛”

当时的想法是开发一种能够替代UUM-44“萨布洛克”潜对潜导弹和RUR-5“阿斯洛克”反潜导弹。波音飞机公司在1982年开始承担这项工作，但是让一枚导弹同时拥有两种不同类型导弹所具有的功能，其复杂性是显而易见的，因此最终该导弹项目转化为两种导弹的研究。波音飞机公司继续研究用鱼雷发射管发射的UUM-125A“海兰斯”，洛克希德公司则研发阿斯洛克以取代RUM-139A。经过几次技术原因延迟，后来“海兰斯”由于1990年预算的削减而没有进行飞行测试。在此期间，非核武器UUM-125B和RIM-125B的改进型也分别被提出和否决。

制造商：波音飞机公司
长度：20英尺6英寸（6.25米）
直径（发射筒）：21英寸（0.53米）
重量：3086磅（1400千克）
射程：115英里（185千米）
速度：1.5马赫
制导系统：惯性制导
推进系统：大力士固体燃料火箭
战斗部：W89热核弹头
首次测试时间：未曾测试
首次部署时间：未曾部署（型号名称为UUM-125A）

BQM-126

为了满足美国海军的要求，比奇飞机公司研发的997模型机在本质上与在美国陆军服役的MQM-107是孪生兄弟，MQM-107的原型是1089“飞跑者”靶机。997模型机在1984年完成首飞，并编号为BQM-126A。然而，该方案由于成本原因在开始生产之前被终止。

制造商：比奇飞机公司（1980—2007年为雷神公司）
长度：18英尺6英寸（5.64米）
直径：15英寸（0.38米）
翼展：10英尺（3.05米）
重量：1400磅（630千克）
射程：1000英里（1621千米）
速度：668英里/小时（1075千米/小时）
实用升限：40000英尺（12200米）
制导系统：预编程，无线电控制制导
推进系统：微型涡轮J403涡轮喷气发动机
首次测试时间：1984年
首次部署时间：未曾部署（型号名称为YBQM-126A）

AQM-127超音速掠海靶弹（SLAT）

在整个20世纪70年代和80年代初，美国海军一直在尝试研发模拟超音速掠海巡航导弹的靶弹，但是没有成功。期间研发的BQM-90和BQM-111远远达不到要求，因而没有装备部队。超音速低空靶弹（SLAT）的研制计划于1983年再次恢复，1984年，马丁公司收到了一份建造YAQM-127A空射超音速掠海靶弹的合同。在1987年进行飞行试验之后，该项目因技术和成本问题被不断推迟并导致国会于1991将其终止。在此期间，海军继续使用原先的MQM-8靶弹，直到21世纪早期GQM-163“狼”靶弹的出现。

下图：1985年构想的“马丁·玛丽埃塔”YAQM-127A超音速掠海靶弹（SLAT）正在飞行，远处有一枚正在处于上升阶段的标准导弹。

上图：1986年，马丁·玛丽埃塔公司的技术人员正在研制YAQM-127A 超音速掠海靶弹。

制造商：马丁·玛丽埃塔公司
长度：17英尺11.5英寸（5.47米）
直径：1英尺9.25英寸（0.54米）
重量：2400磅（1090千克）
射程：62英里（100千米）
速度：2.5马赫
制导系统：预编程的自动驾驶仪，亦可手动控制
推进系统：马夸特冲压式喷气发动机，聚硫橡胶固体燃料火箭助推器
首次测试时间：1987年
首次部署时间：未曾部署（型号名称为YAQM127A）

AQM-128

据报道，YAQM-128A是美国海军在1984年准备开发的一个空射无人机项目，但后来一直没有进入设计和建造阶段。

AGM-129先进巡航导弹

在AGM-86空射巡航导弹成功部署后，美国空军就开始发展其升级版，以便在现有的ALCM过时后能及时更新。1982年兴起的先进巡航导弹体现了隐形的特点，通用动力公司的YAGM-129A在1985年7月完成首飞行，并于1990年开始装备部队。

AGM-129A弹身的前后掠翼具有隐身的性能，这使得它在外观上不同于AGM-86，但是AGM-129A和AGM-86具有相同的战斗部和类似的引擎。与AGM-86导弹一样，ACM也可由B-52H

上图：AGM-129先进巡航导弹进行早期测试飞行。

下图：在通用动力公司康维尔分部圣地亚哥的工厂里，一群技师正围绕着AGM-129导弹。

左图：在通用动力公司康维尔分部圣地亚哥的工厂，工人正对AGM-129的航空电子设备进行组装。

轰炸机进行空中发射，其中8枚导弹置于内部旋转发射装置上，6枚置于外部机翼下。

美国空军原计划购买2500枚先进巡航导弹，但计划经过几次缩减之后，直到1993年也仅仅购买了约460枚AGM-129A，与此同时，AGM-129B的研制计划也被搁置。由于维护成本和可靠性问题，美国空军决定在保留AGM-86改进型的情况下于2007年逐步淘汰先进巡航导弹。

制造商：通用动力公司，1992—1997年为休斯飞机公司，此后为雷神公司
长度：20英尺10英寸（6.35米）
直径：2英尺5英寸（0.74米）
翼展：10英尺2英寸（3.10米）
重量：3500磅（1588千克）
射程：2300英里（3700千米）
速度：500英里/小时（800千米/小时）
制导系统：惯性导航辅以地形匹配
推进系统：威廉姆斯公司F112涡扇发动机
战斗部：W80热核弹头
首次测试时间：1985年
首次部署时间：1990年（型号名称为AGM-129A）

左图：20世纪80年代，麦道公司AGM-129先进巡航导弹的一段宣传广告。

AGM-130

像AGM-123一样，AGM-130导弹是一种拥有固体火箭发动机的制导炸弹。事实上，AGM-130导弹基本就是对现有的炸弹加装上马达。

有这么一个简单的故事：只需在Mk.83炸弹上添加制导系统，你就会拥有GBU-16“宝石路”II，添加一个马达，你就会拥有AGM-123A；在Mk.84炸弹上添加制导系统，你就会拥有GBU-15，添加一个马达，你就会拥有AGM-130A（尽管AGM-130后来的改进型装载的炸药不是Mk.84）。AGM-130C装有2000磅的BLU-109钻地战斗部，AGM-130D装有BLU-118温压武器（燃料空气炸药）。从来没有部署的AGM-130B则以SUU-54炸药为基础，并配有多个子母弹。

AGM-130A在1985年首次试射，并在1994年达到定型生产。AGM-130曾在20世纪90年代的科索沃战争中使用，也曾被用于打击伊拉克和阿富汗的目标。它们通常由F-15E歼击机“鹰”携带。

AGM-130空-地导弹的侧视图。

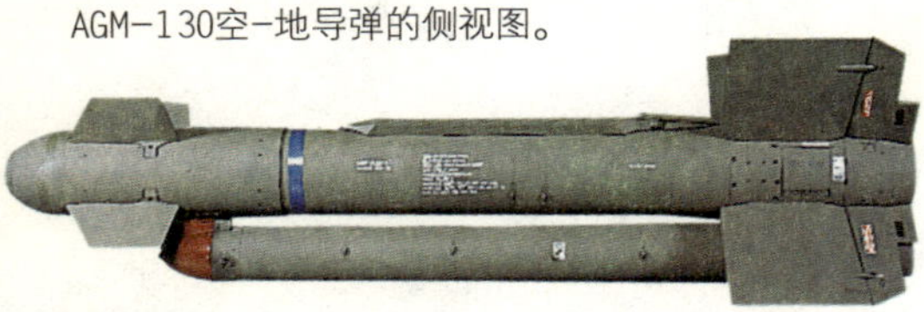

制造商：罗克韦尔国际公司，后来为波音飞机公司和雷神公司
长度：12英尺10.5英寸（3.72米）
直径：18英寸（0.46米）
翼展（尾翼）：4英尺11英寸（1.50米）
重量：2450磅（1100千克）
射程：40英里（60千米）多
制导系统：装有GPS的惯性制导
推进系统：阿联特科技公司固体燃料火箭
战斗部：高爆或其他常规弹药
首次测试时间：1985年
首次部署时间：1994年左右（型号名称为AGM-130A）

下图：2002年8月，在犹他州进行训练的第494战斗中队的F-15E“攻击鹰”正在发射AGM-130导弹。

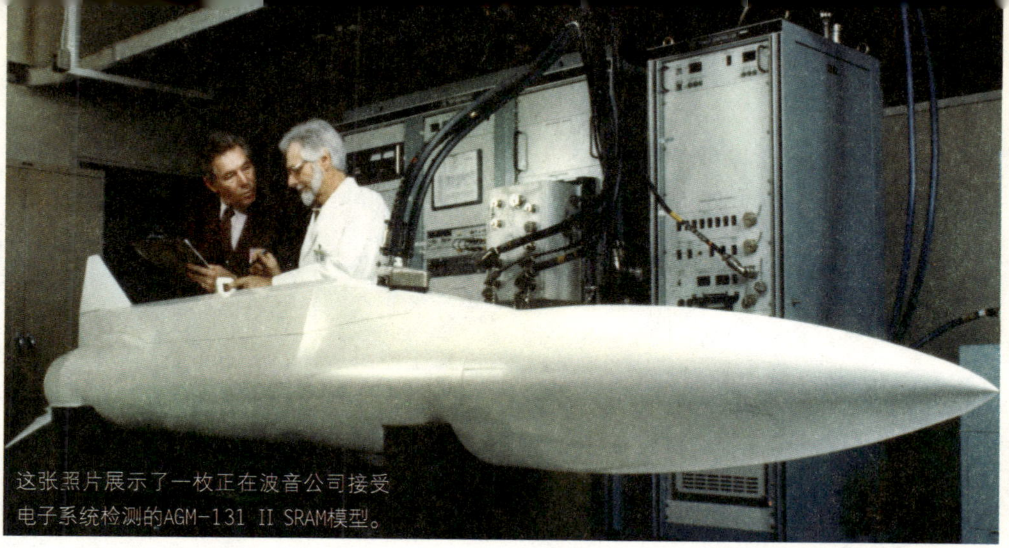

这张照片展示了一枚正在波音公司接受电子系统检测的AGM-131 II SRAM模型。

AGM-131近程攻击导弹II（SRAM II）

正如它的名字所表示的，SRAM II是AGM-69A近程攻击导弹（SRAM）的继任者。虽然AGM-69B（SRAM B）和B-1A轰炸机的研发计划在1978年取消，但是随着B-1A的改进型B-1B于1981年重新启动，美国空军决定研制一款全新的SRAM II。AGM-131A的体型设计时比AGM-69A小，运载能力也仅为AGM-69A的24%～36%，但是最终定型时和AGM-69A差不多。AGM-131B（SRAM T）拥有一个较小的核弹头，计划装备于F-15E战斗机。

尽管对AGM-131A和AGM-131B的原型均进行了测试，但是，1991年AGM-131项目在导弹部署前还是取消了。

制造商：波音公司
长度：10英尺5英寸（3.18米）
直径：15.3英寸（0.439米）
重量：2000磅（900千克）
射程：250英里（400千米）
速度：2马赫
推进系统：聚硫橡胶固体燃料火箭
战斗部：W89热核弹头（AGM-131A），W91热核弹头（AGM-131B）
首次测试时间：1988年左右
首次部署时间：未曾部署（型号名称为AGM-131A）

左图：该图展现了美国空军F-15E飞机发射两枚短程攻击战术导弹（SRAM T）的场景。SRAM T是SRAM II的改进型，可装载到F-111、F-16和“龙卷风”战斗轰炸机。

AIM-132先进近程空-空导弹（ASRAAM）

AIM-132先进近程空-空导弹（ASRAAM）是和AIM-120先进中程空-空导弹（AMRAAM）在20世纪80年代同时开始研发的。按照原计划，该项目由美国和欧洲共同承担，其中美国负责超视距AMRRAM，而欧洲负责ASRAAM。ASRAAM是作为AIM-9“响尾蛇”的继任者研发的，然而由于加拿大、德国、挪威和美国于1989-1990年先后退出，该项目也随之取消。

随着美国重新启动先进中程空-空导弹的研制，英国在其早期空-空导弹的基础上也继续研制先进近程空-空导弹。YAGM-132A于1994年进行了首次测试，但是直到2002年它都没有装备英国皇家空军，而澳大利亚军队则在1998年装备了该导弹。尽管美国宣布他们研制的AIM-132已经可以进入使用阶段，但是一直没有被美国军方所采购，因为与AIM-132比较，美国军方还是更喜欢AIM-9X一些。

下图：虽然AIM-132A先进近程空-空导弹（ASRAAM）没有装备美军，但它仍被其制造商称为“在可视甚至超视距范围内可主导战争的最敏捷、最现代化的空-空导弹”。

制造商：英国宇航公司（BAE），1996年马特拉-BAE阿莱尼亚公司（MBDA）接手

长度：10英尺6英寸（2.90米）

直径：6.5英寸（0.17米）

翼展（尾翼）：17.7英寸（0.45米）

重量：192磅（87千克）

射程：9英里（15千米）

速度：大于3马赫

制导系统：配有发射后锁定目标功能的红外成像制导

推进系统：固体推力火箭

战斗部：爆炸破片

首次测试时间：1994年

首次部署时间：1998年（型号名称为AIM-132A）

左图：挂在一架英国皇家空军“台风”战机上的ASRAAM。该导弹由MBDA开发，在英国、法国、德国和意大利服役。

UGM-133“三叉戟”II D5

与前面介绍的UGM-96“三叉戟”I C4一样，UGM-133是美国海军研制的用以取代UGM-73“海神”的潜射弹道导弹。“三叉戟”导弹的研制主要分为两步：第一步，研制“三叉戟”I，并于1979年装备部队；第二步，在1983年前研制出威力更大的“三叉戟”II D5，以响应美国总统罗纳德·里根关于美国战略力量现代化的号召。

尽管“三叉戟”I的外形和早期的“海神”非常相近，但是它在很多方面都可以称为是一个全新的导弹。它在制导和再入方式、火控和导航系统等方面几乎都有革新，这使其拥有重量更重、射程更远和精度更高等优点。

在1987年1月至1988年9月间UGM-133A“三叉戟”II共进行了15次发射试验，并于1990年首次部署在美国“俄亥俄”级潜艇“田纳西”上。截至2007年，“三叉戟”II已经全部取代了“三叉戟”I。其中，美国的14艘“俄亥俄”级潜艇中，每艘装有24枚“三叉戟”II，英国也有4艘分别装备16枚“三叉戟”II的前卫级潜艇。这些潜艇和“三叉戟”II将在21世纪继续构成美英主要的核打击力量。

制造商：洛克希德导弹及宇航公司（1995年以后为洛克希德·马丁空间系统）
高度：44英尺7英寸（13.59米）
直径：6英尺11英寸（2.11米）
重量：129000磅（58500千克）
射程：7000英里（11100千米）
速度：13600英里/小时（22000千米/小时）
制导系统：电子星级瞄准惯性制导
推进系统：阿莱恩特技术系统公司聚硫橡胶和大力神混合燃料（第一和第二阶段）、美国联合技术公司固体燃料火箭（第三阶段）
战斗部：W88热核多弹头
首次测试时间：1987年
首次部署时间：1990年（型号名称为UGM-133A）

下图：1987年8月，一枚UGM-133“三叉戟”II D-5导弹在美国海军卡纳维拉尔角的发射平台上准备测试。

下图：1987年1月，在卡纳维拉尔角进行首次发射测试的UGM-133“三叉戟”II D5X-1导弹。

下图：20世纪90年代，由美国海军俄亥俄级潜艇发射升空UGM-133“三叉戟”II D5潜射弹道导弹。

MGM-134小型洲际弹道导弹（SICBM）

相比于“民兵”和“和平卫士”，小型洲际弹道导弹（SICBM）的体型就显得很小，MGM-134也因此获得了“侏儒”的称号。MGM-134并不是一个简单的“预算模型”导弹，而是经过认真研发，相比现有洲际导弹不易受到攻击的武器，并不是说46英尺长的SICBM真的“小”。该导弹的设计理念就在于突出它的可移动性，随着1944年可移动发射的V-2导弹出现和20世纪50年代战术导弹的发展，可移动发射导弹通过不断变换发射位置使敌方很难锁定它。到20世纪80年代，苏联也研发了可以通过铁路和公路机动的RT-23（SS-24）和RT-2PM（SS-25）洲际弹道导弹。在冷战时期的军备竞赛中，MGM-134扮演着平衡美苏两国核力量的角色。

美军早期曾考虑过“民兵”和“和平卫士”在铁路上的机动性，但最终被否决了，因此要求SICBM必须能够在公路上机动，届时它将安装在由波音公司研发的被称作“固定硬盘式移动发射车”的120吨运输卡车上。

该项目开始于1984年，但直到1991年都没能进行成功的飞行测试，而这个时候冷战结束了，MGM-134A SICBM项目也随后于1992年终止。

制造商：马丁·玛丽埃塔公司
长度：46英尺（14.02米）
直径：3英尺10英寸（1.17米）
重量：30000磅（13600千克）
射程：6800英里（11000千米）
制导系统：惯性制导
推进系统：燃气“冷”发射，三级固体燃料火箭
战斗部：W87热核弹头
首次测试时间：1989年
首次部署时间：未曾部署（型号名称为XMGM-134A）

左图：检查人员正在对一枚马丁·玛丽埃塔公司的MGM-134“侏儒”导弹进行检查，该导弹最初被称为“小洲际弹道导弹”。

下图：1988年，马丁·玛丽埃塔公司的MGM-134“侏儒”导弹正在进行测试。

ASM-135反卫星武器

虽然ASM-135项目开始于1977年，但是使用空射导弹摧毁轨道卫星的设想却可以追溯到刚开始发射卫星的时候。

1959年10月，马丁公司生产的“勇敢猎人”导弹从一架B-47上发射并成功摧毁了美国的“探测者6号”宇宙飞船，从而使它成为美国历史上第一个击落卫星的导弹。“勇敢猎人”是在美国空军武器系统199（WS-199）项目下研制出来的，该项目本来是想验证空射弹道导弹的可行性，但随后改为研制反卫星（ASAT）的导弹武器。此外，美国还进行了包括空军437和505这两个可携带核弹头的一系列反卫星武器项目的研发。

由于卫星是一种精密的设备，摧毁它并不需要弹头，一个快速移动甚至是缓慢移动的物体就可以将其撞毁或者使其偏离轨道。因此，ASM-135反卫星导弹（ASAT）没有装载战斗部，而是靠动能去碰撞、击毁卫星。

上图：作为ASM-135 导弹的先驱，“勇敢猎人”（119B武器系统）在1959年10月由B-47发射并成功摧毁“探测者6号”卫星。

反卫星导弹不需要庞大的体型，像MGM-134被赋予了并非贬义的绰号“侏儒”，ASM-135也被称作空射微型飞行器（ALMV），而且在技术上层面上，自寻的阶段是“微型”系统的一部分。

1979年，沃特（1976年改为林-蒂莫

下图：挂载ASM-135ASAT导弹的F-15A“天鹰”机尾。1985年9月13日，这架飞机在38100英尺的高空发射了一枚ASM-135导弹，并成功摧毁了“太阳风”P78-1科学研究卫星。

科–沃特）公司接到一份建造这种依靠动能杀伤的反卫星武器合同，它是一款基于波音公司AGM–69 SRAM弹身和LTV宇航公司助推器的微型自寻的飞行器（MHV）。

1985年9月13日，一枚ASM–135A导弹从F–15战斗机发射，并成功摧毁了一颗即将退役的美国“太阳风”科学研究卫星。

在ASM–135和反卫星武器研制接近尾声的时候，美国国会对该实验发布了于一个月后生效的禁令。

制造商：沃特航空航天公司
长度：17英尺9.5英寸（5.42米）
直径：20英寸（0.5米）
重量：2600磅（1180千克）
速度：15000英里/小时（24000千米/小时）
实用升限：350英里（560千米）
制导系统：红外自寻的
推进系统：两级固体燃料火箭
战斗部：动能杀伤
首次测试时间：1984年（初始飞行试验）
首次部署时间：未曾部署（型号名称为ASM–135A）

AGM–136“沉默彩虹”

作为AGM–88 HARM导弹的另一个改进型，绝密级别的“沉默彩虹”反辐射导弹的项目起源于20世纪80年代初，它可以在敌方操作人员关闭雷达之前快速锁定其雷达地址。同时，“沉默彩虹”是一种速度较慢的巡航导弹，它可以在目标区游荡，以等待敌方雷达发射器打开。这使得装备有该导弹的轰炸机群可以在敌方攻击我方轰炸机前率先摧毁敌方的雷达阵地。

美国空军曾在1984年进行AGM–136A的首次空中发射飞行试验，不过由于成本超支，该项目在1991年被取消。原本计划的可由陆地发射的改进型BGM–136B也未能投入生产。

下图：大约在1990年，由加利福尼亚州中国湖海军武器研发中心发射的AGM–136A“沉默彩虹”反雷达导弹正在翻山越岭，搜索地面雷达目标。

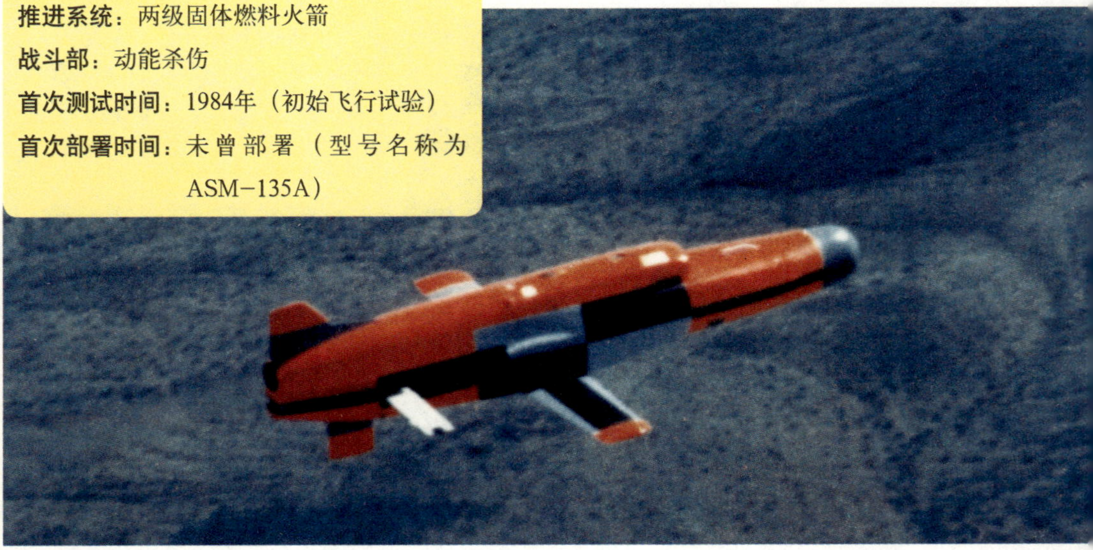

制造商：诺斯罗普公司
长度：8英尺4英寸（2.54米）
直径：27英寸（0.69米）
翼展：5英尺2英寸（1.58米）
重量：430磅（195千克）
射程：270英里（430千米）
速度：0.9马赫
制导系统：雷达制导
推进系统：威廉姆斯涡扇发动机
战斗部：爆炸破片
首次测试时间：1984年
首次部署时间：未曾部署（型号名称为AGM-136A）

下图：1990年3月，诺斯罗普公司的技术人员正在对AGM-136A“沉默彩虹”进行检查和测试。

AGM-137三军防区外攻击导弹（TSSAM）

在20世纪80年代，具有“隐身”（低雷达可观察的）功能的战术飞机迎来了技术上的飞跃。为此，美国空军和海军于1986年开始研发一种只考虑隐身的可空射战术导弹的飞机和处于绝密级别的三军防区外攻击导弹（TSSAM）。其中，用于装备美国空军和海军的空射TSSAM被编号为AGM-137A，而用于装备美国陆军的地面发射TSSAM则被编号为MGM-137B。不过在1994年该项目还没有进行飞行测试的时候就被取消了，美国空军和海军也随即将他们的注意力转向拥有AGM-158和AGM-159的联合空地防区外导弹。

制造商：诺斯罗普公司
长度：14英尺（4.27米）
翼展：8英尺4英寸（2.54米）
重量：大约2000磅（907千克）
射程：115英里（185千米）
速度：大约0.9马赫
制导系统：有GPS的惯性导航和红外目标识别
推进系统：威廉姆斯涡扇发动机
战斗部：高爆穿透弹药或子母弹
首次测试时间：未曾测试
首次部署时间：未曾部署（型号名称为AGM-137A）

CEM-138“铺路蟋蟀”

编号为YCEM-138A的“铺路蟋蟀”是配备有雷达干扰设备的波音YCQM-121A“铺路虎”的一个改进型。它于1987年开始研制，仅用了一年时间就开始试飞，但从未被部署。

RUM-139反潜火箭弹

在20世纪60年代，美国海军开始将非制导且带有核弹头的舰射RUR-5反潜火箭弹（ASROC）部署在其舰艇上。20年后该火箭弹被一种新的制导武器所代替，这种武器就是垂直发射（VL）的RUM-139 ASROC。RUM-139的体型与RUR-5类似，但是装有一个常规弹头，而不是核弹头。当接近目标的时候，RUM-139就会引爆装载在其上的Mk.46鱼雷。

RUM-139的研制工作是从1983年开始的。虽然RUR-5于1989年就已经退役，但是作为其继任者的RUM-139直到1993年才被部署。2001年，RUM-138A被升级为RUM-139B，装有Mk.54鱼雷的RUM-139C也于2004年推出。预计在21世纪的第一个十年内，将会有近500枚VL-ASROC被生产。

制造商：固特异航空航天公司（1986年为劳拉公司，1996年为洛克希德·马丁公司）
高度：16英尺（4.88米）
直径：14英寸（0.36米）
翼展（尾翼）：27英寸（0.7米）
重量：1400磅（630千克）
射程：17英里（28千米）
速度：1马赫
制导系统：惯性制导
推进系统：固体燃料火箭
战斗部：高爆炸药
首次测试时间：1986年
首次部署时间：1993年（型号名称为RUM-139B）

左三图：1984年7月在海军武器中心，一枚RUM-139垂直发射ASROC的一系列发射图片。

MGM-140陆军战术导弹系统（ATACMS）“钢雨”

MGM-140是美国陆军拥有M270多管火箭发射系统（MLRS）的M39战术导弹系统（陆军TACMS或ATACMS）中的一员。该导弹于1978年开始研制，经过了冷战时期的“突击破坏者”的技术方案论证，在1991年的海湾战争中，从伊拉克战地指挥官那里赢得了“钢雨”的绰号。

对于MGM-52“长矛”短程弹道导弹的继任者，陆军有多种选择，在1984年最终敲定M39 TACMS之前，他们又考虑过兵团支援武器系统和MGM-137B TSSAM。

M39原本打算在1991年开始部署，但是由于交易进程的加快，第一批M39于1990年就部署到中东地区，并参加了“沙漠风暴”行动。其中在1991年，第七兵团装备了20枚M39和105枚MGM-140A。根据洛克希德·马丁公司的报告，在2003年的“伊拉克自由行动”期间共发射450枚ATACMS导弹。

拥有GPS制导系统的MGM-140B于1994年进行了测试，并于1998年装备部队。装有子母弹的MGM-140C Block II型ATACMS编号为MGM-164A，装有单弹头的MGM-140E ATACMS Block IA型编号为MGM-168A，而装有硬目标侵彻弹头的ATACMS Block III型在2004年进行了测试，但最后却取消了。预计在21世纪的第一个十年，将生产超过2000枚A、B型ATACMS。

除MGM-140和MGM-168制导导弹，多管火箭发射系统还包括非制导M26、M30和M31的弹道火箭，以及M27、M28的训练火箭弹和M131“报复性化学”火箭弹。

ATACMS可以与美国陆军高机动火箭炮系统（HIMARS）中安装在卡车的多管火箭发射系统相兼容。HIMARS可携带6枚火箭弹或1枚ATACMS，并且可

左图：1995年，LTV（后来为洛克希德·马丁）MGM-140A陆军战术导弹系统（ATACMS）正在进行测试。

以使用所有的多管火箭发射系统的弹药。HIMARS于2007年被首先装备到位于伊拉克安巴尔省的第14陆战团。

制造商：凌坦科沃特（LTV）公司（1992年后为劳拉沃特系统，1996年以后为洛克希德·马丁公司）

长度：13英尺（3.97米）

直径：2英尺（0.61米）

翼展（尾翼）：4英尺7英寸（1.40米）

重量：2900磅（1320千克）

射程：186英里（300千米）

制导系统：惯性制导（MGM-140A），有GPS辅助的惯性制导（后来的改进型）

推进系统：固体燃料火箭

战斗部：275子母弹

首次测试时间：1988年

首次部署时间：1991年（型号名称为MGM-140B）

下图：MGM-140陆军战术导弹系统（ATACMS）正在由M270多管火箭发射系统（MLRS）发射瞬间。

ADM-141战术空射诱饵（TALD）

ADM-141战术空射诱饵（TALD）可以通过其庞大的数量达到混淆敌方雷达系统的目的，从而为己方的轰炸机提供掩护。

最初的TALD是没有动力的，且命名为“参孙”，是由美国宾士域集团（以保龄球销者而出名）为以色列空军制造的。在20世纪90年代，以色列军事工业公司（IMI）从宾士域集团获得了TALD的生产许可证，并为美国海军建造了包括ADM-141在内的更高版本的战术空射诱饵。

以色列在20世纪70年代开始购买这种战术空射诱饵，而据以色列透露，美国海军于1987年开始装备该诱饵。作为F/A-18战机的标准配置，该战术空射诱饵参加过“沙漠风暴”行动，并产生很大的影响。

ADM-141A和ADM-141B属于无动力TALD，只要敌方雷达的功率足够大就可以分辨出它们。ADM-141B有模拟真实飞机而做的外壳，它可以替真实的飞机抵挡一些地-空导弹。具有动力的ADM-141C TALD是于1996年推出的。

制造商：宾士域集团和IMI
长度：7英尺8英寸（2.34米）
翼展：15英尺1英寸（4.60米）
重量：400磅（180千克）（不含发动机）
射程：190英里（300千米）
速度：0.8马赫
制导系统：预编程的自动驾驶仪
推进系统：泰来达因涡轮喷气发动机
战斗部：雷达增强
首次测试时间：大约1987年（美国海军）
首次部署时间：大约1987年（美国海军）（型号名称为ADM-141C）

下图：1994年年初在克辛河海军空战中心的飞行试验中，一枚正在由F-14A“雄猫”发射的TALD。

AGM-142“大力水手”/“哈夫纳普”

“大力水手”导弹是一种现场可编程的、远距离空-地导弹，它由以色列研制，编号为AGM-142A，装备于美国空军。该导弹可以扩大传统的B-52H轰炸机的攻击范围，并于2001年首次用在阿富汗的战斗中。

该导弹的改进型有：装有电子光学导引头的AGM-142A，装有红外导引头的AGM-142B，装有电子光学导引头和硬目标侵彻弹头的AGM-142C以及装有红外导引头和穿透弹头的AGM-142D。

据简氏导弹与火箭在2003年1月22日的报道，较AGM-142“哈夫纳普”更轻、更小的一个叫作“哈夫莱特”的改进型已经在美国空军进行了成功的测试。它的飞行高度可达8700英尺、速度为0.7马赫，可用于单座战斗机的飞行员在飞行过程中发射和控制。

除了美国和以色列之外，“大力水手”/“哈夫纳普”还被装备于澳大利亚、印度和韩国军队。与此同时，拉斐尔

下图：1996年4月埃格林空军基地，装载在F-16 的AGM-142空-空精确制导导弹。

公司除向土耳其提供“大力水手”外，还同土耳其航空航天工业公司联合生产“大力水手”。

制造商：美国精确制导系统公司（以色列拉斐尔公司和洛克希德·马丁公司的合资企业）
长度：15英尺10英寸（4.83米）
直径：21英寸（0.53米）
翼展（尾翼）：5英尺8英寸（1.73米）
重量：3000磅（1360千克）
射程：50英里（80千米）
速度：大约1马赫
制导系统：电光或红外制导
推进系统：固体燃料火箭
战斗部：穿甲弹或爆炸碎片
首次测试时间：大约1988年
首次部署时间：1988年（以色列），1992年（美国空军）（型号名称为AGM-142C和AGM-142D）

上图：一枚“哈夫莱特”导弹悬挂在美国空军的F-16机翼挂架上，这种精确制导导弹是由位于美国佛罗里达州奥兰多市的精确制导系统公司（PGSUS）制造的。

MQM-143

于20世纪80年代研发的MQM-143系列遥控飞行靶机（RPVT）是FQM-117小型无线电控制靶机（RCMAT）家族中的一员。所有这些无线电控制的飞机与商店RC模型非常相像。FQM-117是按照1:9的比例制作的手动发射靶机，MQM-143则是按照1:5的比例制作的移动发射靶机。

这些目标靶机主要被美国陆军用于训练像FIM-92“毒刺”这种单兵便携式和车辆发射的防空武器进行武器识别和敌机拦截。

RPVT的其他型号有MQM-143A（模仿米格-27）、MQM-143B（模仿苏-25）和MQM-143（模仿MI-24直升机）。

制造商：大陆集团
长度：11英尺2英寸（3.40米）
翼展：9英尺10英寸（3.00米）
重量：60磅（27千克）
速度：130英里/小时（210千米/小时）
制导系统：无线电控制
推进系统：活塞式发动机
首次测试时间：大约1983年
首次部署时间：大约1984年（型号名称为MQM-143A/MiG-27）

左图：在埃格林空军基地，F-16发射“哈夫莱特”瞬间。

ADM-144

关于ADM-144我们知之甚少，只知道它是一个空中发射的诱饵，大约在1989年开始制造，但没有成功。

BQM-145“游隼”

游隼是泰来达因·瑞安公司于1999年被诺斯罗普格鲁曼公司收购前而进行的最后一个重要项目，此前泰来达因·瑞安公司对BQM-34“火蜂”无人机进行了长达20年的研发。

1998年，国防部要求研发一种可以从空中和地面发射的联合服务无人机，该无人机可用作靶机和进行空中侦察，该项目后来被划为中程无人机（UAV-MR）项目。1989年5月，泰来达因·瑞安公司加入该项目，并承担研发型号350的工作，这是一种为埃及军队研发的型号324“圣甲虫”的衍生品。“圣甲虫”和“火蜂”之后的无人机都是可回收的，其回收是通过降落伞或空中回收系统来实现的。

YBQM-145A于1992年5月实现首飞，但是该项目在17个月后被美国海军和海军陆战队同时取消。原来计划生产500架，最后只生产了6架，并且直到1997年才服役部队。

制造商：泰里达因·瑞安公司
长度：18英尺4英寸（5.59米）
翼展：10英尺6英寸（3.20米）
重量：2160磅（980千克）
任务半径：400英里（650千米）
速度：8.5马赫
实用升限：40000英尺（12200米）
制导系统：预编程，有无线电命令接口、支持GPS的自主操作系统
推进系统：泰来达因·大陆涡扇发动机
首次测试时间：1992年
首先部署时间：1997年（型号名称为BQM-145A）

下图：BQM-145A“游隼”（型号350）是泰来达因·瑞安公司相似型号324的衍生物。型号324在1984—1993年之间生产，并在埃及军队中服役，被埃及军队称为“圣甲虫”。1989年国防部为“游隼”签订了一个合约，但是随着该项目被取消而未能实施。

MIM-146防空反坦克系统

美国陆军在研发快速区域防空（FAAD）武器的过程中，虽然遭遇了失败和失望，也获得了诸如FIM-92“螯针”的巨大成功。其中失败的例子包括MIM-46“拳击手”和M247“约克中士”分区防空（DIVAD）武器系统。后来的MIM-72“小槲树”虽然谈不上失望，但是相对于20世纪80年代风靡一时的“螯针”还是黯然失色。

当时的美国陆军盛行多任务理念，并开始注重拥有反坦能力的FAAD武器，这最终催生了防空反坦克系统（ADATS）项目的诞生。美军选择了瑞士的欧瑞康这家在防空系统方面具有悠久历史的公司生产这种特殊武器，马丁·玛丽埃塔公司也在1979年收到了一份生产一种编号为MIM-146A导弹的合约，内容是和“拳击手”导弹一样，该导弹的发射装置可安装在装甲履带式M113的底盘上。

美军本打算用MIM-46A替代“小槲树”以辅助“螯针”，但是数十次的测试结果显示MIM-46A的表现不尽如人意，美军于是在1992年取消了ADATS项目。

相对于美国，加拿大在这方面的研制却显得非常成功，他们于1988年引进后就一直使用到21世纪。2005年，该导弹被改装为可部署在多任务功能车辆（MMEV）的LAV轮式装甲车上，泰国在这个时候也在一些固定防空设施上部署了MIM-46A。

上图：MIM-146A防空反坦克导弹ADATS）由装有8个炮管的M113A2装甲运兵车发射。

制造商：洛克马丁公司
长度：6英尺9英寸（2.06米）
直径：6英寸（0.15米）
翼展：1.95英寸（0.5米）
重量：112磅（51千克）
射程：6英里（10千米）
速度：3马赫
实用升限：23000英尺（7000米）
制导系统：被动式光电追踪，激光束导向器
推进系统：固体燃料发动机
战斗部：爆破碎片
首次测试时间：1981年
首次部署时间：美军未部署，但加拿大军队于1988年部署（型号名称为MIM-146A）

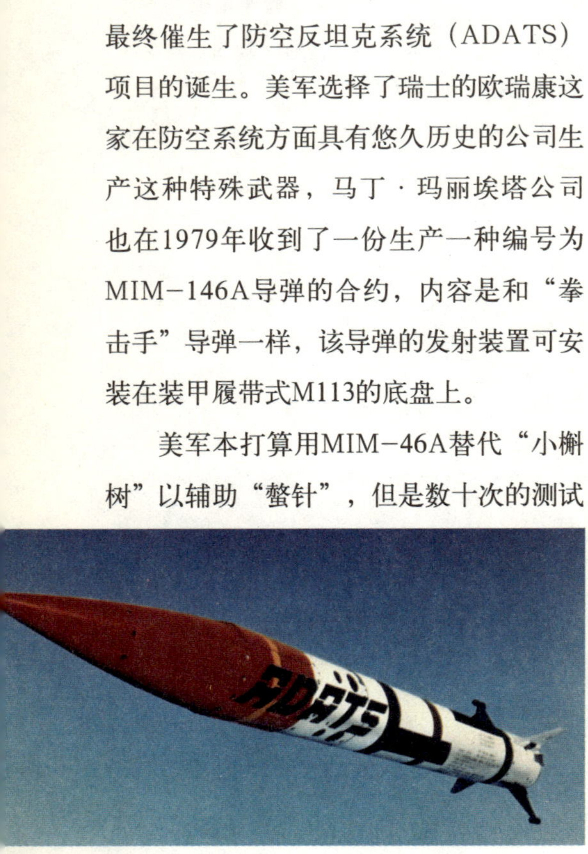

左图：关于MIM-146A的防空反坦克系统（ADATS）导弹的一个艺术构想，此导弹大约在1980年出现。

BQM-147“扩展雄蜂”和“龙雄蜂”

巴尔的摩约翰霍普金斯大学的应用物理实验室（APL）在战术导弹项目的发展过程中做出了突出贡献，它在20世纪50和60年代曾参与了“雷古拉斯”、“长曲棍球”和“金牛座”的研发。1986年，它再一次被美国海军陆战队委以重任，此次的目标是研发一种专门用于通信干扰的小型、低成本、无线电遥控的飞行器。这是一种类似于MQM-143但较MQM-143工艺简单且可大量消耗的靶机，它最初被命名为“扩展果酱”，后来改名为“扩展雄蜂”。

在军队内部，用于执行明确任务的简单机器常被看作是白板，给其增加一种功能，它就可以执行一种任务；给其再增加一种功能，它就可以执行另外一种任务。

APL无法研制这种新功能的无人机，海军陆战队于是将该项目移交给了BAI航空系统公司，该公司是田纳西州L-3通信公司的一个部门，其主要业务是设计、生产和整合小型（小于500磅）无人飞行器。BQM-147的后续版本装备更加尖端的侦察和传感装置，其中于1996年推出的改进型“龙雄蜂”已经变得相当尖端而无法大量消耗。早期的“扩展雄蜂”也采用了“龙雄蜂”的设备进行了改进，不过不同的是，它的飞翼形状不像“龙雄蜂”那样可以大范围的忽上忽下。

BQM-147被装备于美国陆军和海军陆战队，并且参加过“沙漠风暴”行动和2003年的“伊拉克自由”行动。美国海岸警卫队正在研发一种被命名为“秃鹰”的改进型，它将装备于远洋巡逻舰上，并通过滑翔伞进行回收。

制造商：BAI航空系统公司
长度：5英尺4英寸（1.62米）
翼展：8英尺2英寸（2.49米）
重量：95磅（43千克）
射程：240英里（386千米）
速度：80英里/小时（130千米/小时）
实用升限：10000英尺（3000米）
制导系统：预编程的自动驾驶仪，或无线电控制
推进系统：活塞式发动机
首次测试时间：大约1987年
首次部署时间：大约1991年（型号名称为“龙雄蜂”无人机）

右图：在“沙漠风暴”行动中被广泛使用的BQM-147A“扩展雄蜂”，它在1998年被升级改进为“龙雄蜂”。

FGM-148“标枪”

在20世纪70年代后期，FGM-77“龙”成为美军地面部队第一款单兵携带式反坦克制导武器。该导弹是在第二次世界大战期间火箭筒的基础上增加了一个导向系统，不过它要求操作者在击发前保持对目标的视觉锁定。在此基础上，FGM-148“标枪”增加了锁定目标和发射后自寻的部分，从而使得操作者可以在导弹飞向目标过程中隐藏起来。

这种武器的重要性显而易见，然而其研发进程却显缓慢。国防部于1983年就开始研究其方案， 1989年就签订了研发合约，1991年进行了首次试射，但是直到1996年“标枪”才开始装备部队。

“标枪”最著名的特点要数它有一个串联式弹头，前面的弹头可用于炸毁敌方的防卫装甲，后面的弹头可用于炸穿敌方的底层装甲。在2003年对伊拉克坦克的打击中，“标枪”证明了这种设计是行之有效的。

“标枪”较早期的“龙”射程远，BGM-71“陶”容易使用。然而其瞄准系统十分复杂，同时，50磅（包括发射器）的重量也使得其单兵携带能力变差。

除了美国陆军和海军陆战队，“标枪”还用于装备澳大利亚、法国、约旦、挪威、中国台湾和英国的军队。

制造商：马丁·玛丽埃塔公司（1995年以后为洛克希德·马丁公司）和得州仪器公司（1997年后为雷神公司）
长度：3英尺7英寸（1.10米）
直径：5英寸（0.13米）
翼展（尾翼）：15英寸（0.384米）
重量：26磅（11.8千克）
射程：1.6英里（2.5千米）
制导系统：红外成像导引头
推进系统：冷弹发射，两级段固体燃料火箭
战斗部：高爆反坦克（HEAT）
首次测试时间：1991年
首次部署时间：1996年（型号名称为FGM-148A）

上图：FGM-148A发射时的瞬时照片。其反坦克性能和城市突防性能，在“伊拉克自由”行动中得到了检验。

左图：1994年开始生产的FGM-148A“标枪”是一种轻型、单兵携带、肩上发射的中型反坦克武器，其性能优于FGM-77“龙”。

PQM－149短程无人机（UAV－SR）

上图：在1991年的飞行测试中，停在沙漠上一架麦道PQM－149“空中猫头鹰”。

短程无人机（UAV－SR）项目开始于1989年，其目的是研发一种包括侦察和锁定目标等功能在内的多功能无人机。

在20世纪末21世纪初研制的RQ－1“捕食者”、RQ－2“先锋”、RQ－5“猎人”和RQ－7“影子”是美国“Q”无人机系列的先驱，这些无人机在20世纪90年代末期就已经实现了上述功能。而作为UAV－SR的“猎人”，它最初的编号是BQM－155A，属于“M”导弹系列。

国防部在1991—1992年期间对“猎人”和麦克唐纳·道格拉斯“空中猫头鹰”进行了为期12个月的飞行评估。“空中猫头鹰”经常编号为YPQM－149A，尽管它被官方划归为短程无人机系列，但是很难将其归为任何一种飞行器，这种情况跟YPQM－150A相同。

“空中猫头鹰”是早期模型R4系列“天眼”的改进型，“天眼”是由1984年成为科尔西格勒公司航天部的发展科学公司研制的，它于1973年首次试飞，并于1979年装备于美军。在80年代，它被美军广泛应用于在中美洲地区跟踪渗透入洪都拉斯的尼亚加拉游击队。

麦克唐纳·道格拉斯“空中猫头鹰”于1991年6月实现首飞，它装备有可从跑

下图：1991年12月，麦克唐纳·道格拉斯PQM－149“空中猫头鹰”进行首次试飞。虽然该飞行器装备有着陆脚架，但是麦克唐纳·道格拉斯公司还是为它装备了滑翔伞。

道起飞和降落的起落架，同时也支持弹射发射和伞降回收。它由无线电控制，同时也配备有一个可编程的制导系统。遗憾的是经过一年的飞行测试，“空中猫头鹰”最终在1992年6月被“猎人”所淘汰而没有被用于作战部署。

制造商：麦克唐纳·道格拉斯公司
长度：13英尺6英寸（4.12米）
翼展：24英尺（7.32米）
重量：1250磅（566千克）
射程：115英里（185千米）
速度：125英里/小时（200千米/小时）
实用升限：16000英尺（4900米）
制导系统：无线电控制与可编程自动驾驶仪
推进系统：转子发动机
首次测试时间：1991年
首次部署时间：未曾部署（型号名称为“空中猫头鹰”）

PQM-150短程无人机

短程无人机项目的飞行评估是在1991—1992年，当时国防部为其预留了YPQM-149A、YPQ-150A和（Y）BQM-155A三个编号，其中最后一个编号被划归为“猎人”，而其余两个编号却没有被官方划归为任何飞行器。从上文可知“空中猫头鹰”时常被编号为YPQM-149A，但是YPQ-150A却没有与之对应的飞行器，有人说它是为“猎人”预留的，但是可能性不大。

FQM-151“指针”

“扫描鹰”和RQ-11“乌鸦座”这类小型无人机在21世纪美军的装备数量中得到激增，而它们的先驱则是于1988年实现首次试飞的“指针”。

于1990年后装备美国陆军和海军陆战队，并用于战场监视的“指针”是由环境航空股份有限公司设计的，这家公司由已故的保罗·麦卡克莱迪创建，以生产人工动力的“薄纱秃鹰”和机器动力的“翼手龙”复制品等前卫飞行器而闻名。

采用无线电控制的“指针”大部分由杜邦公司的高性能芳族聚酰纤维制成，其外形仿佛一个装有小型电动机的业余爱好者的遥控滑翔机。“指针”装有一个锂电池为电动机供电，从而驱动螺旋桨工作。小型“指针”可以用手动发射，回收时先

用于“沙漠风暴”行动中的FQM-151无人机。它是RQ-11“乌鸦座”的前身，自2003年以来，广泛部署在伊拉克和阿富汗。

进入平螺旋状态，然后摇摆降落到地面。

FQM-151A的机头上装有一个CCD相机，这意味着“指针”只有在对准目标时才能观测目标，这也是它的名字的由来。地面站将“指针”的飞行影像记录在一个8毫米的盒式录像器上，该影像可以显示数字罗盘的指示方向，也可以加入控制员的口头注释，并且影像可以正常播放、暂停、快速或减速播放。“指针”的飞行器和地面控制站分别由两个单独的背包携带，尽管后来经过升级具备了GPS-INS功能，但“指针”通常需要一个操控员和一个观察员。

2001年在阿富汗的行动以及在2003年的伊拉克前线，均可以看到“指针”的身影。后来“指针”逐渐被RQ-11所取代。

制造商：环境航空公司
长度：6英尺（1.83米）
翼展：9英尺（2.74米）
重量：9磅（4千克）
射程：大约50英里（75千米）
速度：46英里/小时（73千米/小时）
实用升限：1000英尺（300米）
制导系统：无线电控制，辅助有惯性导航和全球定位系统（GPS）
推进系统：电动机
首次测试时间：1988年
首先部署时间：1990年（型号名称为FQM-151A）

AIM-152先进空-空导弹（AAAM）

先进空-空导弹（AAAM）项目是在20世纪80年代由中国湖海军武器研发中心开始的，其目的是研发一种3马赫的飞行器作为AIM-54“不死鸟”远距离拦截导弹的继任者。于1987年接受该项目的两家承包商选择了两种截然不同的设计方案来满足上述要求，然而直至冷战结束，这两个承包商设计的产品都没能投入测试，AAAM项目也最终于1992年被取消。

制造商：通用动力和西屋公司
长度：12英尺（3.66米）
直径：5.5英寸（0.14米）
重量：约380磅（170千克）
射程：115英里（185千米）
速度：大于3马赫
制导系统：配有雷达中段修正和光电归位的惯性制导推进系统、固体燃料火箭
战斗部：爆炸碎片
首次测试时间：未曾测试
首次部署时间：未曾部署（已提出YAIM-152A概念）

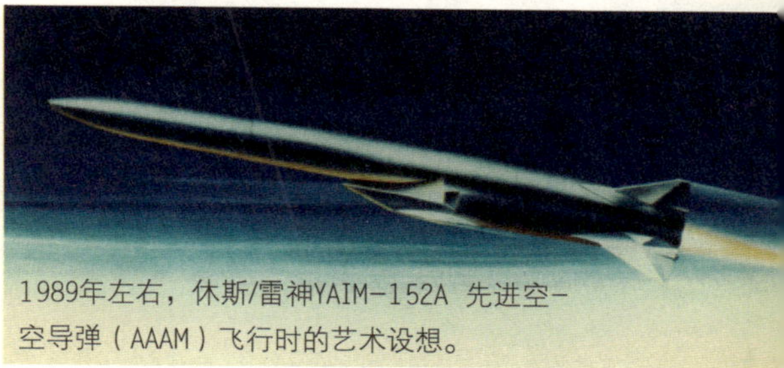

1989年左右，休斯/雷神YAIM-152A 先进空-空导弹（AAAM）飞行时的艺术设想。

AGM-153

1992年，美国空军曾就一种潜在的新型低空地攻击导弹进行了短暂研究。AGM-153是一种多功能武器，其AGM-153A具有对坚硬目标的渗透能力，AGM-153B带有爆炸碎片弹头，制导系统也确定为红外或光电制导。美国空军最终放弃了该项目，是因为与其他已有导弹相比，AGM-153没有显著的优势。

制造商：休斯公司和雷声公司
长度：12英尺（3.66米）
直径：9英寸（0.23米）
重量：约660磅（300千克）
射程：115英里（185千米）
速度：大于3马赫
制导系统：带有活动雷达的惯性制导
推进系统：冲压式喷气发动机和固体燃料火箭混合推进系统
战斗部：爆炸破片
首次测试时间：未曾测试
首次部署时间：未曾部署（已提出YAIM-152A的概念）

AGM-154联合支架式武器（JSOW）

JSOW是由美国海军和空军联合研制的一种精确的、发射后自寻的制导导弹。虽然它的编号中带有表示导弹的字母“M”，即使曾考虑过采用一种改进型涡轮喷气发动机，但它仍是无动力的。

JSOW是在1986年由海军的一个项目演变而来的，美国空军因同样需要这种武器，在1992年加入了该项目。AGM-154A在1994年进行了测试，1999年装备部队，并因为其在研制过程中所拥有的超快进度而备受关注。

AGM-154A在战场上的首次亮相是在1999年“南方守望”行动中打击伊拉克目标，它随后又用于巴尔干战争、阿富汗战争以及2003的“伊拉克自由行动”。

右图：图中的折叠翼麦克唐纳·道格拉斯武器是为美国海军的预先拦截武器系统（AIWS）项目而开发的，这项目是后来研发出AGM-154武器的JSOW项目的前身。

上图：一架装备4枚AGM-154的F/A-18飞机。

JSOW还出口到澳大利亚、希腊、荷兰、波兰、土耳其和新加坡。

AGM-154A（JSOW A）采用惯性制导和GPS目标定位，并装备有145 BLU-97子母弹。AGM-154B曾考虑装载反装甲子母弹，不过它没有部署。

AGM-154C（JSOW C）在2005年仅被装备于海军中，它具有与AGM-154A相同的制导系统，但采用红外探测仪进行目标定位。它装备有英国研发的BROACH穿透弹头，这是一种由BAE系统公司、英国国防科技公司和泰利斯导弹电子公司联合研制的弹头，它有两个工作阶段，第一阶段是将坚硬的目标炸开一个洞，第二阶段则是穿透进入目标内部。

制造商：得州仪器公司（1997年后为雷神公司）
长度：13英尺4英寸（4.06米）
直径：13英寸（0.33米）
翼展：8英尺10英寸（2.69米）
重量：1065磅（483千克）
射程：在低海拔地区14英里（22千米），在高海拔地区81英里（130千米）
制导系统：惯性导航结合GPS
推进系统：无（在AGM-154D上曾计划采用涡轮喷气发动机）
战斗部：见正文
首次测试时间：1994年
首次部署时间：1999年（型号名称为AGM-154A）

2001年在马其顿斯科普里市气象站机场，军队人员正在放置准备起飞的BQM-155“猎人”无人机。

BQM-155“猎人”（1997年后改为RQ-5）

“猎人”是国防部在1991-1992年举办的无人机竞赛中胜出的短距离无人飞行器（UAV-SR），它是一个配备有微光电视（LLTV）和前视红外（FLIR）系统的侦察、瞄准平台。“猎人”是美国陆军在1993年2月下令建造的，其编号为BQM-155A，它开始被编入“M” 导弹系列，随后被调整为 “Q”无人机系列（RQ-5）。

“猎人”最初由以色列马拉特飞机工业公司（IAI）设计，不过在2003年该项目被诺斯罗普·格鲁门公司收购后就改由美国TRW公司设计。

1995年一系列的事故似乎昭示着“猎人”是一个失败的产品，美国陆军也因此终止了对BQM-155A的购买和装备部队。在1999年科索沃战争中依然可以看到“猎人”的身影，不过由于其性能的改进，“猎人”在此次对叛军的监控和渗透发挥了重要作用。

在随后对伊拉克的战争中，“猎人”（现RQ-5A）继续体现着它的价值。2003年，武装“猎人”编号为MQ-5A，2005年，诺斯罗普·格鲁门公司推出了其改进版MQ-5B。“猎人”继任者是与其有相似功能的RQ-7“影子”。

制造商： TRW（2003年以后为诺斯罗普·格鲁门公司）

长度： 22英尺10英寸（6.96米）

翼展： 29英尺2英寸（8.89米）

重量： 1600磅（727千克）

射程： 185英里（300千米）

速度： 122英里/小时（196千米/小时）

实用升限： 15000英尺（4570米）

制导系统： 无线电控制或预编程的自动驾驶仪

推进系统： 两个活塞发动机（后来RQ-5A、MQ-5B配备有GBU-44）

首次测试时间： 1991年（美国陆军评估IAI“猎人”）

首次部署时间： 1994年（型号名称为BQM-155A）

RIM-156 SM-2ER Block IV型

在20世纪80年代，美国海军研制出了RIM-156标准2导弹的扩展版本（SM-2ER），较RIM-67 SM-1ER，它是具有更优性能和更紧凑结构的舰射防空和反舰导弹。1992年，该导弹进行了首次测试，RIM-156A于1999装备部队，其增强版本RIM-67C也随后部署。（请参阅附录4关于标准系列的概述）

RIM-156导弹的一个重大改进措施是装载了一个新的助推器，这使得它可以采用模块化Mk.41垂直发射系统（VLS），并成为宙斯盾导弹舰的标准配置。VLS是一种易于使用且比炮塔和轨道发射器具有更短反应时间的发射装置，早已成为世界许多导弹发射平台的标准配置，“战斧”巡航导弹也采用的是这种发射装置。

处于开发和测试阶段的RIM-156B SM-2ER Block IVA的改进拥有反导的能力，不过将全部精力应用于研制下一代RIM-161A标准-3导弹（SM-3），该项目在2001年取消了。与此同时，对陆攻击的改进型号（SM-4）即RGM-165A也处于研发中。RIM-156A的继任者是RIM-174（SM-6）标准ERAM。

制造商：雷神公司

长度：21英尺6英寸（6.55米）

直径：21英寸（0.53米）

翼展（尾翼）：5英尺2英寸（1.58米）

重量：3200磅（1450千克）

射程：150英里（240千米）

速度：3.5马赫

实用升限：110000英尺（33000千米）

制导系统：惯性制导，末段半主动雷达制导

推进系统：两级固体火箭

战斗部：爆炸破片

首次测试时间：1992年

首次部署时间：1999年（型号名称为RIM-156A）

右图：在2008年10月6日的太平洋上，阿利·伯克级导弹驱逐舰USS“黑啤”正在向目标舰“奥班农”发射RIM-156标准SM-2ER Block IV型导弹。

MGM-157增强型光纤制导导弹（EFOGM）

1984-1990年随着对光纤制导导弹（FOG-M）的研究（例如，使用纤维而不是电线的小型战术导弹BGM-71），增强型光纤制导导弹的研制被提上日程。增强型光纤制导导弹的概念于1992年再度提出，并于1994年简称为EFOGM。YMGM-157A采用光电/红外摄像系统，并可通过光纤进行通信，它计划装备在Hum-Vee型8筒发射系统上。

尽管在1998年和2002年关于YMGM-157A和YMGM-157B的测试是成功的，但美国陆军仍然没有采购和部署EFOGM。

制造商：雷神公司

长度：6英尺4英寸（1.93米）

直径：6.6英寸（0.17米）

翼展（尾翼）：3英尺9英寸（1.14米）

重量：118磅（53千克）

射程：9英里（15千米）

速度：160英里/小时（260千米/小时）

制导系统：光纤与光电红外导引头

推进系统：双推力固体燃料火箭

战斗部：破甲弹

首次测试时间：1998年

首次部署时间：未曾部署（型号名称为YMGM-157B）

左图：1998年5月7日，美国陆军成功地完成了MGM-157增强型光纤制导导弹（EFOGM）的第三次试验飞行。

AGM-158联合空地防区外导弹（JASSM）

美国空军在1994年研制出了AGM-137三军防区外攻击导弹（TSSAM），仅一年之后，他们便开始着手联合空地防区外导弹（JASSM）的研究。和它的前身一样，JASSM采用低可观测（隐身）技术。洛克希德·马丁公司和麦克唐纳·道格拉斯公司于1996年分别提交了AGM-158、AGM-159这两种有竞争力的设计方案。

1998年，洛克希德·马丁公司的方案被选中并进行生产。AGM-158A的飞行和作战测试始于1999年，但是它不断出现故障令美国军方不是很满意，其他的扩展版本AGM-158B JASSM-ER随后在2004年着手研发。

JASSM最初挂载在B-52，不过它可以挂载在几乎所有的进攻型飞机上。澳大利亚、荷兰和韩国也考虑购买JASSM。在美国海军的TSSM方案中，也有考虑将JASSM作为AGM-84 SLAM-ER的替代者。

上图：AGM-158联合空地防区外导弹（JASSM）在与一架F-16列队飞行。

制造商：洛克希德·马丁公司
长度：14英尺（4.27米）
翼展：7英尺11英寸（2.41米）
重量：2250磅（1020千克）
射程：大于230英里（370千米）
速度：约为0.8马赫
制导系统：支持GPS的惯性导航，红外成像导引头
推进系统：泰来达因涡轮喷气发动机
战斗部：硬目标穿透炸弹
首次测试时间：1999年
首次部署时间：2009年（型号名称为AGM-158A）

右图：AGM-158联合空地防区外导弹（JASSM）的形象图。

左图：2006年8月在埃尔斯沃思空军基地，上士贾森·墨菲、资深飞行员埃里克·诺布林以及第34航空器维修中队的资深飞行员安德鲁·利特尔顿正在将AGM-158联合空地防区外导弹（JASSM）和其装载平台，安装到一架B-1“枪骑兵”飞机上。

AGM-159联合空地防区外导弹（JASSM）

美国空军在1994年研制出了AGM-137三军防区外攻击导弹（TSSAM），仅一年之后，他们便开始着手联合空地防区外导弹（JASSM）的研究。和它的前身一样，JASSM使用低可观测（隐身）技术。洛克希德·马丁公司和麦克唐纳·道格拉斯公司于1996年分别提交了AGM-158、AGM-159这两种有竞争力的设计方案。1998年，洛克希德·马丁公司的方案被选中，而AGM-159则被叫停。

ADM-160微型空射诱饵（MALD）

拥有DARPA的微型空射诱饵（MALD）计划起源于1995年，旨在开发一种低成本的诱饵。它最初由泰来达因·瑞安公司生产（1999年以后为诺斯罗普·格鲁曼公司），但在2003年以后改由雷神公司生产。雷神公司随后又研发了体型较大的ADM-160B，并于2007年实现首飞。

通过雷达的信号增强系统（SAS），ADM-160A可以模拟任何一架美国空军飞机，并且可以装载在美国空军所有的攻击型飞机上。美国空军对MALD的购买兴趣是不断变化的，最初的购买意愿很强，后来逐渐减弱，最后仅仅购买了被雷神公司称为“显著数量”的2010枚。

制造商：泰里达因·瑞安公司（1999年后为诺斯罗普·格鲁曼公司），后来为雷神公司
长度：7英尺10英寸（2.41米）
直径：6英寸（0.15米）
翼展：2英尺2英寸（0.65米）
重量：100磅（45千克）
射程：285英里（460千米）
速度：0.8马赫
实用升限：30000英尺（9000米）
制导系统：支持GPS的惯性导航与和手动控制
推进系统：汉胜公司涡轮喷气发动机
战斗部：没有
首次测试时间：1999年
首次部署时间：2001年（型号名称为ADM-160A）

左图：在1999年7月内华达州内利斯空军基地，正在对由F-16战斗机发射的ADM-160微型空射诱饵（MALD）关于其压制敌方防空系统（SEAD）的性能进行评估。

RIM-161标准-3

RIM-156标准2扩展版导弹（SM-2ER）是一种于1999年部署的舰射反飞机、反舰导弹，RIM-161标准导弹（SM-3）就是由其直接升级得来的。RIM-161属于海军的全战区导弹防御（NTW-TBMD）项目的一部分，并承担其中反弹道导弹的任务。这种为美国海军开发的SM-3也在日本海军服役。

刚开始的时候，该导弹编号为RIM-156B SM-2ER Block IVA，不过随后改为RIM-161A。（详见附录4中关于标准系列的概述）

RIM-161A具有与RIM-156A相同的机身和发动机，并且满足大气层外轻型弹射（LEAP）导弹的要求。它是一种动能武器（“撞击摧毁”），不包含爆炸性弹头，因为高速（像用步枪子弹击瓶子一样）撞击就要求足以摧毁弹道导弹，至少也将其撞落。

该导弹的历史可以追溯到20世纪80年代的战略研究防御计划局（SDIO），在RIM-161A之前的LEAP武器。它是在20世纪90年代开发、测试的RIM-2和RIM-156A导弹。

RIM-161A拥有的三级火箭发动机电动机可使导弹在大气层外飞行，并在30秒内击中目标。LEAP的前视红外雷达（FLIR）和固体燃料转移和姿态控制系统（SDACS）可以保证它能够高速撞击目标。

RIM-161A第一次测试在1999年。2002年1月，一个装有LEAP的RIM-161A从美国海军“宙斯盾”军舰发射，成功击中目标导弹。2007年，一枚RIM-161A从日本“宙斯盾”舰发射，并首次摧毁了弹道导弹。在对如此高的成功率进行独立分析之后，国防部宣布了这个近乎完美的测试结果。这样的研发速度显然大

右图：在2007年11月太平洋考艾岛上的测试中心，一枚RIM-161标准-3导弹（SM-3）从“伊利湖”号导弹巡洋舰发射出筒，并成功击中目标。

上图：2009年10月在太平洋美国导弹防御局，一枚RIM-161B标准-3导弹（SM-3）由从日本海上自卫队驱逐舰JS Myoko射出。该导弹成功拦截了一枚从可爱岛太平洋导弹靶场几分钟之前射出的中程目标。

下图：RIM-161是一种大气层外轻型弹射（LEAP）导弹，它依靠动能对目标进行撞击摧毁。

大高于许多以前导弹研发的早期阶段。

与此同时，美国海军还在努力开发拥有反卫星能力的RIM-161A。在2008年2月，一颗国家侦察办公室的侦察卫星USA-193被“伊利湖”号导弹巡洋舰用该导弹成功击落，并掉落在150英里以外的北太平洋。

和RIM-156一样，RIM-161可以采用Mk.41这种“宙斯盾”导弹巡洋舰标准配置的垂直发射系统（VLS）。

为了获得更好的精度，对于该导弹做了进一步改进，其中包括：采用流线型维护的SM-3 Block IA，采用改进的红外导引头和10级SDACS的Block IB。

日本和荷兰表示了对舰载SM-3的兴趣，波兰和以色列则对其陆基改进型导弹表达了采购意向。

制造商：雷神公司
长度：21英尺6英寸（6.55米）
直径：21英寸（0.53米）
翼展（尾翼）：5英尺2英寸（1.58米）
射程：150英里（240千米）
速度：3.5马赫
实用升限：150英里（240千米）
制导系统：惯性制导，半主动末段雷达制导阶段和中段GPS制导
推进系统：两级固体火箭
战斗部：动能（“撞击摧毁”）
首次测试时间：1999年
首次部署时间：2009年（型号名称为RIM-161A）

RIM-162改进型海麻雀导弹（ESSM）

1988年，美国海军开始考虑一个新的导弹以取代RIM-7“海麻雀”，这是一种能够应对各种武器威胁，特别是低空飞行的巡航导弹威胁的武器。RIM-162改进型“海麻雀”导弹（ESSM）的研发合同于1995年交给休斯公司并于1998年实现首飞。改进型“海麻雀”导弹包括部署在配备“宙斯盾战斗系统”（ACS）的军舰上的RIM-162A，以及配备在没有“宙斯盾”武器的军舰上的RIM-162B。

RIM-162A和RIM-162B可由Mk.41垂直发射系统（VLS）发射，RIM-162C可由Mk.48 VLS发射，RIM-162D可由Mk.29弹发射器发射。

尽管ESSM在2004年就已经装备美国海军，不过它对飞行目标的第一次摧毁试验发生在2008年10月的一次训练中。

除了美国海军，ESSM还装备于澳大利亚、加拿大、丹麦、德国、希腊、荷兰、新西兰、挪威、西班牙、土耳其和阿拉伯联合酋长国的海军。截至2009年8月，雷神公司共收到1000枚ESSM的订单。

制造商：休斯飞机公司（雷神公司1997年后）
长度：12英尺（3.66米）
直径：10英寸（0.25米）
重量：620磅（280千克）
射程：32英里（50千米）
速度：4马赫
制导系统：中途数据链路，红外末端制导
推进系统：固体燃料火箭
战斗部：爆炸破片
首次测试时间：1998年
首次部署时间：2004年（型号名称为RIM-162A）

左图：一个林克·贝尔特起重机将装有一枚RIM-162改进型“海麻雀”导弹（ESSM）装载到USS“麦坎贝尔”号导弹驱逐舰的Mk.41垂直发射系统（VLS）上。与船同名的大卫·麦坎贝尔船长为这一刻高兴，他是第二次世界大战时期的飞行员，曾击落34架敌机（比其他任何美国的海军飞行员都多）。

下图：在2008年10月舰艇作战系统资格审查期间，一枚RIM-162D ESSM由“约翰·C.斯坦尼斯”号航空母舰发射升空。

一枚在一次例行试验中飞过美国海军观测船船头的GQM-163A“郊狼”。

GQM-163“郊狼”

在20世纪70年代和80年代，美国海军提出了一些可以模拟超音速、低空巡航导弹靶机的概念，它们包括BQM-90、BQM-111和AQM-127 SLAT，不过都没有服役。在“郊狼”研制出来之前，美国海军都只好用现存的MQM-8“破坏者”，以及经麦克唐纳·道格拉斯公司改进的俄罗斯ZVEZDA KH-31。具有讽刺意味的是，KH-31是一种曾被美国靶机模拟的精确制导巡航导弹。

“郊狼”GQM-163超音速掠海靶机（SSST）是由轨道科学公司制造的，该公司研制出独特的飞马空中发射器和X-43航天飞机，其方案击败了波音公司基于KH-31的改进方案。

制造商：轨道科学公司
长度：带助推器31英尺3英寸（9.52米）
直径：18英寸（0.46米）
射程：70英里（110千米）
速度：2.8马赫
推进系统：带大力神固体燃料助推器的喷气式固体燃料火箭
首次测试时间：2004年
首次部署时间：2007年（型号名称为GQM-163A）

下图：由艺术家绘制的GQM-163A“郊狼”正在以超音速掠海攻击目标。

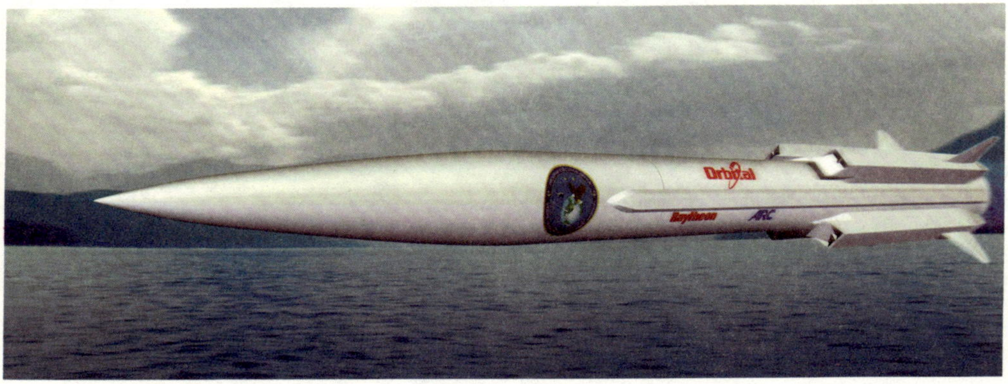

MGM-164陆军战术导弹系统II（ATACMS II）

MGM-164A是MGM-14 Block II的改进型，它是美国M39陆军战术导弹系统（陆军TACMS或ATACMS）的组成部分。在1991年的海湾战争中，从伊拉克战地指挥官口中赢得了“钢雨”的绰号。

Block II ATACMS最初被编号为MGM-140C，它与MGM-140A相似，不过采用GPS制导，并装备有诺斯罗普智能反坦克（BAT）制导子母弹。MGM-164A 是作为低成本的TACMS2000或T2K项目的一部分而研发的。尽管ATACMS II初步试飞相当成功，但该项目还是在2003年被取消。（见MGM-140和MGM-168）

制造商：劳拉沃特系统公司（1996年以后为洛克希德·马丁公司）
长度：13英尺（3.96米）
直径：2英尺（0.61米）
翼展：4英尺7英寸（1.40米）
重量：3270磅（1480千克）
射程：90英里（140千米）
制导系统：GPS辅助惯性制导
推进系统：固体燃料火箭
战斗部：BAT子弹药
首先测试：2004年
首次部署时间：未曾部署（型号名称为MGM-164A）

左图：MGM-164 Block II型源于MGM-140陆军战术导弹系统（ATACMS）。在这里可以看到Block II型改进被设计为智能反坦克（BAT）字母弹。

RGM-165对陆攻击标准导弹（LASM）

美国海军“标准”导弹家族的历史可以追溯到20世纪60年代，它是一种防空武器，同时也可担任反舰任务。在20世纪90年代后期，为了适应美国海军陆战队的作战需要，陆地攻击标准导弹（LASM）要求具有攻击岸上远距离目标的能力。

计划中的RGM-165A（在文献中也作为标准-4导弹被提到）改编自RIM-66 SM-2MR，拥有和RGM-156A相同的结构。不过其研发方案在2002年LASM装备部队之前就取消了 （见附录4标准系列的概述）。

制造商：雷神公司
长度：15英尺6英寸（4.72米）
直径：13.5英寸（0.34米）的
翼展：42.3英寸（1.07米）
重量：1370磅（620千克）
射程：175英里（280千米）
速度：3.5马赫
制导系统：GPS惯性制导
推进系统：固体燃料火箭
战斗部：爆炸碎片
首次测试时间：1997年
首次部署时间：未曾部署（型号名称为RGM-165A）

MGM-166高速动能导弹（KEM）

如同Hum-Vee车辆发射器发射的炮弹，MGM-166导弹就是依靠火箭推进的动能导弹，这种导弹对稳定性较差的目标采用动能撞击的方式给予摧毁，这种依靠高速度产生破坏力的KEM甚至可以用来对付坦克。

在进行了一些早期的如超高速导弹（HVM）动能反坦克实验项目后，沃特公司提出了用于美国陆军直瞄式反坦克的KEM项目。在一个降级的演示项目中，MGM-166A证明了可以作为作战武器。该项目曾在1996年短暂中止，随后在2004年彻底被取消。

在KEM项目取消之后，洛克希德·马丁公司随即转而研发超音速紧凑型动能导弹（CKEM），这种导弹的体型仅为KEM的一半，并在2003年进行了首次测试。

制造商：劳拉沃特系统公司（1996年以后为洛克希德·马丁公司）
长度：9英尺3英寸（2.82米）
直径：6.4英寸（0.16米）
重量：175磅（80千克）
射程：2.5英里（4千米）
速度：3400英里/小时（5500千米/小时）
制导系统：线性前视红外制导（FLIR）
推进系统：固体燃料火箭
战斗部：动能
首次测试时间：1990年
首次部署时间：未曾部署（型号名称为MGM-166A）

下图：艺术家构想的一个紧凑型动能导弹（CKEM）正从美国陆军未来战斗车（FCV）推出。洛克希德·马丁CKEM是由MGM-166 LOSAT / KEM演变而来的。

BQM-167"蚊子"

用作靶机的无人机属于消耗品，因此会有用完的时候。靶机BQM-107E无人机在2003年就停产了，因此美国空军开启了空中目标（AFSAT）项目用以研制"蚊子"无人机。

由萨克拉门托基复合材料工程公司制造的"蚊子"无人机的大小和外观与"飞跑者"无人机相似，并可以像"飞跑者"无人机那样从空中或地面发射。然而，用复合材料制造的"蚊子"无人机比"飞跑者"无人机要轻。与此同时，一种可恢复的、多任务的改进型"蚊子"无人机正在研发中。

制造商：复合材料工程公司（和波音公司）
长度：20英尺（6.10米）
直径：2英尺（0.61米）
翼展：11英尺（3.52米）
射程：大约1800英里（2900千米）
速度：0.9马赫
实用升限：50000英尺（15000米）
制导系统：预编程或无线电控制覆盖
推进系统：涡轮喷气发动机
首次测试时间：2001年
首次部署时间：2004年（型号名称为BQM-167A）

左图：飞行中的直视距反坦克（LOSAT）武器。在2002年，LOSAT被洛克希德·马丁公司改装为MGM-166动能导弹（KEM）。

MGM-168陆军战术导弹系统IA（ATACMS IA）

作为MGM-140改进型的MGM-168是M39美国陆军战术导弹系统（ATACMS）的组成部分，它在1991年的海湾战争中从伊拉克战场指挥官那里赢得了“钢雨”的绰号。像MGM-164A ATACMS II（最初编号为MGM-140B）一样，MGM-168A（最初编号为MGM-140E）也是由MGM-140项目演变而来的，不过与MGM-140A不同的是MGM-168A ATACMS IA（一些消息称之为ATACMS IVA）的弹头不是多子母弹，而是配备有一个500磅的弹头。

ATACMS的改进具有基本相同的机身，但具有不同的制导系统和战斗部，之后两个被作为TACMS2000或T2K项目一部分，为了努力降低单位成本，改进型采用的是GPS制导。

ATACMS甚至被装备到美军高机动性炮兵火箭系统（HIMARS）上，这是一个轻量级的车载多管火箭发射系统，它可携带6枚火箭或导弹，并能发射所有的火箭弹。HIMARS于2007年首次装备于伊拉克的安巴尔省的海军陆战队第十四团。

制造商：洛克希德·马丁公司
长度：13英尺（3.96米）
直径：2英尺（0.61米）
翼展（尾翼）：4英尺7英寸（1.40米）
重量：约2900磅（1320千克）
射程：186英里（300千米）
制导系统：有GPS的惯性制导
推进系统：固体燃料火箭
战斗部：单一的高爆炸药
首次测试时间：2001年
首次部署时间：2008年（型号名称为MGM-168A）

左图：GM-140B ATACMS Block IA的一个改进型MGM-168陆军战术导弹系统（ATACMS）Block IVA“酉”单弹头导弹。

AGM-169联合通用导弹（JCM）

2002年开始的联合通用导弹（JCM）项目旨在研发一种可以替代AGM-65“小牛”和AGM-114“地狱火”的空-地导弹，它将能更好地满足美国陆军、海军和海军陆战队的需求。2004年，洛克希德·马丁和雷神团队的研发方案击败了波音和诺斯洛普团队，并展开了初始版本YAMG-169A的研制。YAGM-169A的体型与“地狱火”相似，并可以适应“地狱火”导弹的发射系统。

从2004年年底开始，该项目因为预算不断地暂停和重启，并最终导致该项目在2007年被取消。JCM项目的后继者是JAGM，被称为“联合空地导弹”，它替代了“地狱火”、“小牛”和BGM-71“陶”。

制造商：洛克希德·马丁公司
长度：5英尺10英寸（1.80米）
直径：7英寸（0.18米）
翼展（尾翼）：12英寸（0.33米）
重量：108磅（49千克）
射程：15英里（25千米）
制导系统：多模红外成像，激光制导、毫米波雷达导引头
推进系统：固体燃料火箭
战斗部：爆炸破片或聚能装药
首次测试时间：2005年
首次部署时间：未曾部署（型号名称为YAGM-169A）

下图：作为AGM-114“地狱火”和AGM-65“小牛”等的后继者AGM-169联合通用导弹（JCM）的最初设想。

MQM-170“奥特洛”

MQM-170和MQM-171都是亚拉巴马州格里芬航空公司为美国陆军研制的轻型、小雷达反射面无人机。由于它们既可用作靶机，也可用作无人机，因此它们采用了“导弹”的编号而不是“无人机”的编号。它们内部的有效载荷舱里装有燃料和传感器，可随导弹弹射发射，也可使用导弹的着陆装备收回。

制造商：格里芬航空公司
长度：8英尺5英寸（2.56米）
翼展：13英尺7英寸（4.15米）
重量：120磅（55千克）
射程：大约480英里（800千米）
速度：120英里/小时（200千米/小时）
实用升限：16000英尺（4900米）
制导系统：手动或有GPS的自动驾驶仪
推进系统：活塞式发动机
首次测试时间：2003年
首次部署时间：2004年（型号名称为MQM-170A）

下图：用作靶机的MQM-170“奥特洛”无人机，同时作为轻型飞行器，它能够执行更多任务。

MQM-171“大刀”是MQM-170A“奥特洛”无人机的姊妹机，它可以执行多种军事任务。

MQM-171“大刀”

作为MQM-170A的一个改进型，“大刀”具有更庞大的体型。格里芬航空将其描述为“可作为观测平台，传感器和新的推进系统测试/开发平台的廉价机体”。

制造商：格里芬航空公司
长度：14英尺10英寸（4.52米）
翼展：22英尺6英寸（6.86米）
重量：550磅（250千克）
射程：大约750英里（1200千米）
速度：125英里/小时（200千米/小时）
实用升限：14000英尺（4300米）
制导系统：手动或有GPS的自动驾驶仪
推进系统：活塞式发动机
首次测试时间：2010年
首次部署时间：未曾部署（型号名称为MQM-171A）

左图：在格里芬航天公司的生产线上，已经装配完成的MQM-171“大刀”无人机。

FGM-172轻型便携式近程突击武器（SRAW）

作为M72轻型反装甲武器（LAW）的继任者，轻型便携式近程突击武器（SRAW）项目旨在研发一个发射后自寻的导弹。该项目的研制工作从1987开始，前后共历经20多年。尽管其飞行试验在1991年就进行了，但是直到2004年才开始低速生产，编号FGM-172直到2006年才确定下来。SRAW是美国海军陆战队的专用武器，美国陆军和英军也曾经考虑购买这种武器，但遭到拒绝。

该武器有两个改进型，一种是从上方攻击坦克顶部的FGM-172A，一种是作为多用途攻击武器的FGM-172B。2005年年初，所有FGM-172A被改装为FGM-172B，并可与FGM-148“标枪”结合使用。

制造商：劳拉系统公司（1996年后为洛克希德·马丁公司）

长度：28英寸（0.7米）

直径：5.5英寸（0.14米）

重量：14磅（6.4千克）

射程：2000英尺（600米）

速度：560英里/小时（900千米/小时）

制导系统：惯性制导

推进系统：双固体燃料火箭

战斗部：锥形装药（FGM-172A），爆炸碎片（FGM-172B）

首次测试时间：1991年

首次部署时间：2002年（型号名称为FGM-172A）

下图：于20世纪80年代发起的近程突击武器（SRAW）旨在研发一种肩扛式无制导轻型反装甲武器（LAW），SRAW导弹最终编号为FGM-172。

GQM–173多阶段超音速靶弹（MSST）

2008年8月，美国海军与位于明尼苏达州的阿连特技术系统公司签署合同，让其承担包括设计、研发、整合和测试等阶段的超音速靶弹（MSST）项目的研发工作。该项目编号是GQM–173，可模拟两段反舰巡航导弹，作为GQM–163“郊狼”超音速掠海靶弹的补充。

MSST有两个飞行阶段，分别是亚音速飞行阶段和击中目标之前的超音速飞行阶段；并在超音速飞行阶段摧毁目标。该部分由曾设计过GQM–163的复合材料工程公司设计。

阿连特技术系统公司认为，“MSST可用于评估武器和作战系统对下一代亚音速地–地反舰导弹的拦截效能，并可在超音速阶段摧毁指定目标”。

制造商：阿连特技术系统公司

速度：超音速

推进系统：固体燃料火箭

首次测试时间：大约2011年

首次部署时间：未曾部署（型号名称为尚未公布）

下图：根据美国海军建议的GQM–173多级超音速靶弹（MSST）的构想图。

RIM-174（SM-6）防空增程作战导弹

在21世纪早期研制的RIM-174标准-6导弹（SM-6）是RIM-156标准-2（SM-2）舰射防空反舰导弹的继任者，澳大利亚皇家海军以及美海军均在研制这一武器（详情请参阅附录4关于标准系列导弹的概述）。RIM-156有两种衍生导弹：一种是RIM-161，它属于反弹道导弹；另一种是RIM-174，它属于远程防空武器。

RIM-174的体型与RIM-156颇为相似，不过它没有采用半主动雷达制导，而是采用了装备于AIM-120C先进中程空-空导弹的主动雷达制导系统，这赋予它跟踪并击杀高机动性目标的能力。

制造商：雷神公司
长度：21英尺6英寸（6.55米）
直径：21英寸（0.53米）
翼展（尾翼）：5英尺2英寸（1.57米）
重量：3300磅（1500千克）
射程：150英里（240千米）
速度：3.5马赫
实用升限：110000英尺（33000千米）
制导系统：惯性制导与主动雷达制导
推进系统：两级固体火箭
战斗部：爆炸碎片
首次测试时间：2008年（首次成功拦截）
首次部署时间：大约2010年（型号名称为RIM-174A）

MQM-175

MQM-175是由欧洲航空防务和航天公司（EADS）研发的，由美国国防部进行编号的低成本靶机，分别为EADS O-DT35（DT-35，MQM-175A）和O-DT40（DT-40，MQM-175B）。根据EADS的报告，2006年6月27日，美国陆军在新墨西哥州麦格雷戈地区用90分钟进行了两次双发无人机的飞行测试。根据美军传感器的显示，无论是喷气动力，还是目标跟踪能力均符合要求规范，其精确的飞行数据预示着它将提前装备美国陆军。

EADS北美防卫部行政总裁约翰·杨认为MQM-175能够解决美国陆军对亚音速靶机的需求。

MQM-175无人机采用Robonic

EADS DO-DT45（MQM-175B）和其便携式弹射发射装置正在进行测试。

MC2555LLR便携式气动弹射发射装置、雷达或红外制导系统，此外还装备了雷达高度计，这使它可以模拟低至17英尺飞行高度的掠海反舰导弹。

制造商：欧洲航空防务和航天公司N.V.（EADS）

长度：7英尺（2.15米）

翼展：5英尺（1.52米）

重量：165磅（75千克）

续航力：60分钟

速度：475英里/小时（770千米/小时）

实用升限：27000英尺（8300米）

制导系统：雷达或红外热寻的

推进系统：2个喷气发动机

首次测试时间：2006年（美国第一军航空示范班）

首次部署时间：未曾部署（型号名称为MQM-175B）

左图：EADS Do-DT45（MQM-175B）的完整配置图。

补充1 经典制导导弹

1963年的"M"导弹编号系统收录了自第二次世界大战以来几乎所有重要的导弹，于1963年之前研制成功的并且在1963年仍然使用的导弹（有些导弹在1963年以前就被终止）也在此收录中。这本书主要描述了174种导弹。

本章节将介绍了一些具有重要历史意义但没有被编入"M"导弹系列的导弹。像"蛇鲨"、"恶棍"和"那瓦霍"这些在1963年以前没有被终止，但没有被编入"M"导弹系列的重要导弹将在下面得到介绍。

上图：1960年12月，诺斯罗普SM-62（B-62）"蛇鲨"洲际巡航导弹在美国空军战略司令部。

B-62 (later SM-62) "蛇鲨"

"蛇鲨"（诺斯罗普型号N-69）是第一种可达到洲际射程的弹道导弹，同时也是第一种超远射程的巡航导弹。它可以在远程控制的情况下飞行6300英里，且其弹头包含可拆分的前椎体。

MX-775项目是美国陆军航空队在1946年发起的（1947年9月后交由美国空军），由诺斯罗普公司进行研制的，它主要包括亚音速的MX-775A"蛇鲨"和超音速的MX-775B"可怕的怪物"，"蛇鲨"在硬件阶段的初始编号是XSSM-A-3，而后者则取消了。因为复杂的尖端技术和高昂的预算约束，该项目进展缓慢，原定于1949年的首次试飞也被迫推迟到1953年8月。"蛇鲨"曾在1951年被编入"B"轰炸机系列，编号为B-62，不过在1955年重新编号为SM-62战略导弹。

"蛇鲨"的飞行测试由空军研究与发展司令部负责，其地点在佛罗里达州卡纳维拉尔角的大西洋上空，经过测试和评估后，艾森豪威尔总统在1955年9月将"蛇鲨"确立为高优先级洲际导弹（ICBM）。1956年发生在巴西雨林的坠毁事故一度令"蛇鲨"面临一个尴尬的局面，由此所引发的制导问题还将伴随"蛇鲨"测试的整个过程。

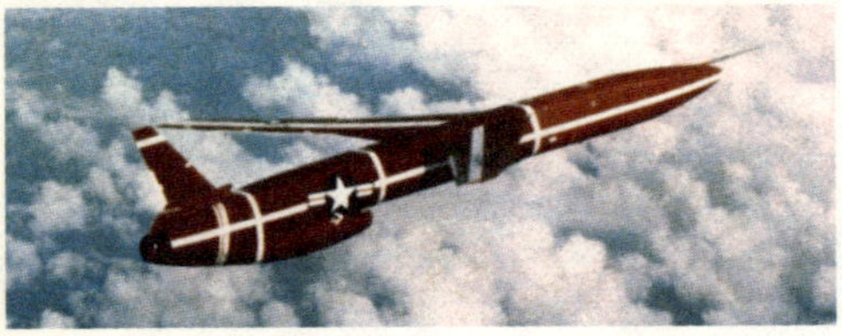

左图：20世纪50年代中后期，诺斯罗普SM-62（原先的B-62）"蛇鲨"洲际巡航导弹在进行飞行测试。

大约在1957年，该项目逐步转由战略空军司令部（SAC）负责，测试也交由位于佛罗里达州的帕特里克空军基地第556战略导弹中队进行，交接后第一次装有模拟弹头的发射测试在10月份。

战略空军司令部在1959将“蛇鲨”装备于位于缅因州普雷斯克岛空军基地第702战略导弹联队，并于1960年3月将其安装在移动发射装置，并正式投入使用。在第702战略导弹联队装备“蛇鲨”仅一年之后，肯尼迪政府便在1961年6月下令将其淘汰，因为它们认为“蛇鲨”是过时的、军事价值低的产品。

ICBM所起的作用应该像“大力士”和即将到来的“民兵”一样。

制造商：诺斯罗普公司
长度：67英尺2英寸（20.47米）（无传感器探头）
高度：14英尺10英寸（4.52米）
翼展：42英尺3英寸（12.88米）
没有助推器时重量：49600磅（22500千克）
有助推器时的重量：60965磅（27650千克）
射程：6300英里（10180千米）
速度：0.9马赫
实用升限：50250英尺（15320米）
制导系统：星级跟踪天体导航
推进系统：普惠涡轮喷气发动机，两个喷气式固体燃料火箭助推器
战斗部：核弹头
首次测试时间：1949年
首次部署时间：1960年（型号名称为SM-62A）

B-63（later GAM-63）“恶棍”

“恶棍”是根据参加过第二次世界大战的轰炸机飞行员的经验而研制的，它被认为是一种超音速、空中发射的、防区外对地攻击导弹，旨在延长B-29和B-50战略轰炸机的攻击范围，允许它们攻击重兵防守的目标而不危及机组人员。因此，“恶棍”是防区外巡航导弹的先驱，包括从AGM-28“猎犬”至AGM-86空射巡航导弹在内。

“恶棍”源自于“獒”项目，是美国陆军航空队（1947年9月后为美国空军）在1946年开始研发的众多导弹之一。在对众多研发方案进行评估之后，贝尔公司获得了MX-776的研发合同。该项目包含MX-776A飞行测试机和后续的MX-776B满量程导弹的原型，其中后者的外形将用于研制“恶棍”。

MX-776A在1950年飞行测试之前，先被编号为RTV-A-4测试火箭，随后又调整为X-9“X-飞机”。X-9的名称是“百舌鸟”（不要跟AGM-45“百舌鸟”混淆），它在1953年进行的飞行试验为“恶棍”项目的制导和控制系统提供了重要数据。

同MX-776A一样，MX-776B的编号也经过了一系列的变化。“恶棍”最初编

号为ASM-A-2，1955年被改编为B-63轰炸机，1951年又被改编为GAM-63对地攻击导弹。该项目是由瓦尔特·多恩伯格负责的，他为第二次世界大战时德国V-2项目做出过突出贡献，后被贝尔公司聘用。

1951年，“恶棍”在白沙导弹靶场进行了首次飞行测试，而当时的美国空军正在考虑将哪种类型的飞机作为舰载机，由于B-29和B-50即将被列入淘汰名单，B-36和B-47开始被考虑，并都在挂载导弹的情况下进行了飞行测试。

“恶棍”最后被装备到DB-47E的改良版，并随其一起装备到位于佛罗里达州麦考伊空军基地的第321轰炸机联队。然而导弹技术的快速进步使“恶棍”显得过时，并最终导致美国空军在1958年11月“恶棍”装备部队之前取消了整个项目。

制造商：贝尔飞机公司
长度：32英尺（9.75米）
直径：4英尺（1.22米）
翼展：16英尺8英寸（5.08米）
重量：13500磅（6120千克）
射程：100英里（160千米）
速度：1.6马赫
制导系统：由发射飞机进行远程控制
推进系统：液体燃料火箭
战斗部：热核弹头
首次测试时间：1951年
首次部署时间：未曾部署（型号名称为GAM-63A）

下图：带有核弹头的贝尔GAM-63（原先的B-63）“恶棍”超音速防区外导弹。

B-64 (later SM-64) “纳瓦霍”

像“蛇鲨”一样，“纳瓦霍”是一款洲际巡航导弹，并且是洲际导弹和巡航导弹的先驱。像“恶棍”一样，初始编号为X-10的全装备“蛇鲨”能有效探测和确定目标参数。同“蛇鲨”和“恶棍”一样，“纳瓦霍”是由美国陆军航空队发起，由美国空军在第二次世界大战后接手研究的。

“纳瓦霍”是在MX-770项目下研发的，目的是设计一种短距离、地面发射的巡航导弹，不过它逐渐演变成一个宏伟的计划。第一代“纳瓦霍”是装有涡轮喷发动机的RTV-A-5，它于1955年首次试飞。第二代XSSM-A-4“纳瓦霍”II，首先编号为XB-64，随后又改编为XSM-64。最后一代“纳瓦霍”首先编号为XSSM-A-6，“纳瓦霍”III编号为XB-64A，随后又改编为XSM-64A。

“纳瓦霍”II 和III均采用双冲压发动机和液体火箭助推器推动，“纳瓦霍”I和II有着大致相同的尺寸，而XB-64A “纳瓦霍”III的尺寸却比它们大25%左右。

1953年在爱德华兹空军基地，体型类似于X-10的北美SM-64“纳瓦霍”正在首次试飞。

大约在1957年，北美SM-64（原先的B-64）“纳瓦霍”超音速洲际巡航导弹在发射平台上。

XSM-64“纳瓦霍”II在1956年年底进行了首次飞行，不过该项目却在第二年夏天XSM-64A试飞之前取消了，原因是“蛇鲨”巡航导弹已经可以装备部队了。不过美国空军依然在“纳瓦霍”身上看到了洲际导弹的出众技术。

制造商：北美航空公司
有助推器时长度：92英尺1英寸（28.07米）
直径：7英尺10英寸（2.39米）
翼展：42英尺8英寸（13.00米）
有助推器时重量：300500磅（136000千克）
射程：6300英里（10000千米）
速度：3.25马赫
实用升限：80000英尺（24000米）
制导系统：惯性制导
推进系统：2冲压发动机和液体燃料火箭助推器
战斗部：热核弹头
首次测试时间：1956年（XSM64）
首次部署时间：未曾部署（型号名称为XSM-64A）

补充2 反导导弹

本节中，我们将介绍目前或曾经被装备部队但没有被编入“M”导弹系列的三种防御导弹。

本节所介绍的导弹，其编号不符合当时的导弹编号规则。“短跑”在1975年装备部队时是作为LIM-49“斯巴达”防护系统的一个补充，21世纪研制的陆基拦截导弹和战区高空区域防御系统与RIM-161 SM-3“宙斯盾”和PAC-3的改进MIM-104型“爱国者”同属国家导弹防御项目中弹道导弹防御系统（BMDS）的一部分。

短跑

“哨兵”和“保障”项目是美军构建的第一个用于保护美国免受弹道导弹攻击导弹防御系统，未编号的“短跑”反弹道导弹与LIM-49A“斯巴达”同属该项目的组成部分。

“斯巴达”是一种外大气层武器，可在大气层外拦截携带核武器的高速飞行的洲际导弹，而小型的“短跑”被设计为大气层内武器，是一种可快速射击、快速反应的反导导弹，是防御系统的最后一层，可用于拦截潜射导弹，以及“斯巴达”没有成功拦截的低轨道洲际导弹这两种可装载核武器的导弹。

右图：国防部于1964年11月发布的照片，这是“短跑”拦截导弹第一次向公众正式亮相。

1965年，第一枚“短跑”在新墨西哥州的白沙美国陆军基地试射，与采用发射井发射的“斯巴达”相比，“短跑”可在地面立即启动和快速加速，并且能够在几秒钟内达到声速的10倍。该项目的测试工作在1970年年底由白沙搬到夸贾林，在这里的首次测试就成功拦截了从范登堡空军基地发射“民兵”导弹。在1971年5月的一次测试中，它又成功拦截了由USS观察岛发射的“北极星”潜射弹道导弹。总而言之，在夸贾林岛进行的40余次测试中，绝大多数都成功了。

马丁·玛丽埃塔公司在1971年收到了一份研发机动性更强的“短跑”II反导导弹的合同，该工作目前仍在继续，且没有达到飞行测试阶段的要求。

“短跑”同“斯巴达”一起在1975年部署，不过由于政治原因，它们均在年底前撤回。

美国刚开始有三个反导基地，其中两个用于保护“民兵”洲际弹道导弹基地，一个用于保护华盛顿特区。根据美国和苏联在1972年签署的“反弹道导弹条约”，允许每方保留一个反导基地，其中苏联选择保留保护莫斯科的反导基地，而美国则选择保留了离大福克斯空军基地较近的、即将完成的反导基地，该基地在1975年4月达到IOC，拥有28枚“短跑”和8枚“斯巴达”导弹。该基地预计在10月份建成，届时将装备有100枚导弹，然而美国国会却在该基地即将全面投入运作时突然出人意料地下令将其关闭。

尽管“短跑”和“斯巴达”展示了其速度和准确性，但它们都没能入选20世纪80年代的战略防御计划（SDI）项目中，原因是这两种导弹均采用核武器摧毁来袭的洲际弹道导弹，而SDI则要求采用非核武器摧毁洲际弹道导弹。不过SDI的防御技术理论仍在不断的发展中。

制造商：马丁·玛丽埃塔公司
长度：26英尺11英寸（8.20米）
直径：4英尺5英寸（1.35米）
重量：7700磅（3500千克）
射程：25英里（40千米）
速度：10马赫
实用升限：100000英尺（30000米）
制导系统：无线电遥控制导
推进系统：两个固体燃料火箭
战斗部：热核弹头
首次测试时间：1965年
首次部署时间：1975年

陆基拦截导弹

“保障”项目在1975年被废弃后，陆基中段防御（GMD）系统便在2004年用于保护美国免受远程弹道导弹的袭击，陆基拦截导弹便是该系统的组成部分。

陆基中段防御系统能在敌方洲际导弹的上升阶段对其进行早期检测和跟踪，中段进行目标识别、精准拦截和破坏，其中拦截和破坏是靠大气层外拦截器（EKV）撞击来袭的弹头。

陆基中段防御系统陆发起于1998年，而一些实验方案却可以追溯到20世纪80年代的SDI。其中主要包括回归的覆盖试验（HOE）和再入大气层外拦截器子系统（ERIS）。

“雷神”EKV在有助推器的情况下于1999年进行了首次成功的测试，陆基拦截器也于2001年实现首次试飞。

GMD首先于2004年7月装备在阿拉斯加州的格里利堡。当年年

右图：2001年12月3日，由梅克岛夸贾林导弹靶场发射的大气层外拦截器（EKV）成功拦截了由加利福尼亚州范登堡空军基地发射的经过改装的“民兵”洲际弹道导弹。

上图：夸贾林导弹靶场，大气层外拦截器（EKV）陆基拦截导弹正在做发射前测试。

制造商：波音公司、洛克希德·马丁公司、轨道科学公司和雷神公司（EKV）

高度：55英尺（16.76米）

直径：50英寸（1.27米）

重量：28000磅（12700千克）

射程：1250英里（3000千米）

制导系统：含红外末段导引头的地面雷达控制

推进系统：阿连特技术系统公司三级“猎户座”固体燃料火箭

战斗部：大气层外拦截器（EKV）

首次测试时间：2001年

首次部署时间：2004年

底，第一枚拦截器装备在位于加利福尼亚州的范登堡空军基地第二个GMD发射井中，曾有提议将第三个GMD安装在波兰的瑞兹科沃，不过该提议在2009年被取消了。在1999年10月至2010年1月期间，陆基拦截导弹在15次测试中，8次成功拦截目标弹道导弹。

右图：2008年12月，由范登堡空军基地发射的陆基拦截导弹成功拦截由阿拉斯加州科迪亚克岛发射的目标。

下图：陆基大气层外拦截导弹的详细剖面图。

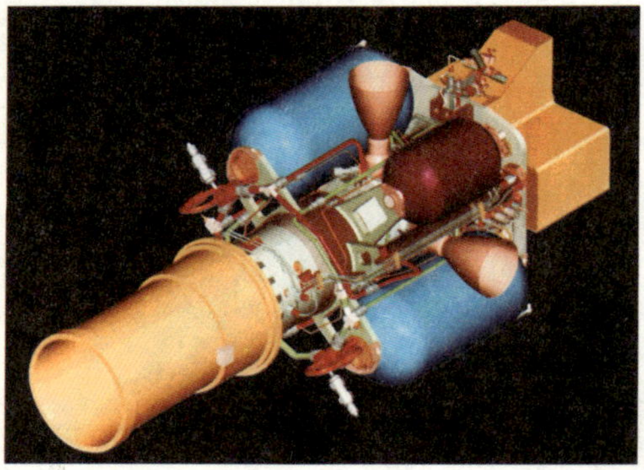

战区高空区域防御系统

20世纪80年代，许多研发项目随着战略防御计划局（SDIO）而被提上日程，于1987年启动的战区高空区域防御系统（THAAD）计划就是其中一项。

洛克希德·马丁公司作为领先的系统集成商，美国陆军于1992年选择由它承担该项目的研发工作。该项目的飞行试验开始于1995年4月，在经过6次失败之后，终于在1999年6—8月间获得了首次拦截成功，2005年在工程设计阶段的发射成功率也开始显著提高。期间，飞行测试从白沙导弹靶场搬到位于夏威夷考艾岛的太平洋导弹靶场。

2004年，为了进一步明确任务，该项目更名为末段高空区域防御系统（THAAD），这意味着该系统将用于在轨道末段或最终阶段拦截敌方的洲际导弹。从这个意义上讲，战区高空区域防御系统的陆基拦截系统大致类似于20世纪70年代的Sprint的“斯巴达”保障体系。无论是在大气层外还是在大气层内，战区高空区域防御系统都能够对敌方导弹进行拦截。

该方案已由美国陆军递交给导弹防御署，作战导弹也已分派和部署给相关人员。在2008年和2009年，THAAD分别部署在美国陆军第11防空炮兵旅的第4和第6防空炮兵团，每个团部署24组，1400多枚THAAD拦截导弹。

上图：2005年11月22日，THAAD拦截导弹发射成功。导弹防御局称THAAD为第一个能够在大气层内外拦截目标的导弹防御系统。

自2009年，朝鲜进行导弹测试以来，美国陆军部署在考艾岛的THAAD就经常处于戒备状态。

制造商：洛克希德·马丁公司
长度：20英尺3英寸（6.17米）
直径：14.5英寸（0.37米）
重量：2000磅（900千克）
射程：125英里（200千米）
速度：6275英里/小时（10000千米/小时）
实用升限：93英里（150千米）
制导系统：含红外末段导引头的地面无线电控制
推进系统：普惠固体燃料火箭
战斗部：动能“撞击摧毁”
首次测试时间：1995年
首次部署时间：2008年

补充3　R火箭弹系列

在为制导武器编辑M导弹系列的时候，非制导的R火箭弹系列也在同一时间进行编辑。

在对1963年以后的火箭进行编号的过程中，主要用前三个字母来表示该导弹的基本信息。有时候，这三个字母之前还有一个“X”或“Y”，这代表该火箭属于“试验品”或“测试品”。

在三个基本的字母中，第三个字母总是“R”（代表火箭），前两个字母所代表的意思如下所示：

第一个字母：发射或者部署条件

A：空中发射

F：单兵发射

M：移动（地面）发射

R：水面舰艇发射

中间的字母：火箭的类型

D：诱饵

E：电子

G：表面（地面）攻击

Q：靶机

T：训练弹

U：水下攻击

注：除了上述得到编号的火箭，还有一些没有获得编号的探空火箭，它们的用途是将一些特殊的科学器材运送到亚轨道高度，早些年在第二次世界大战中缴获的V-2就曾被用于此目的。其他探空火箭包括“奈基”系列和大黄蜂、阿康、阿尔戈，白羊座、天文蜂、黑勃兰特、搭扣、鸢尾、捷豹标枪、洛基、洛基黄蜂、不死鸟、乌鸦座、反辐射导弹将在附录4中详细介绍。

	名称	制造商	用户
MGR-1	诚实的约翰	道格拉斯	美国陆军
AIR-2	精灵	道格拉斯	美国空军
MGR-3	小约翰	艾默生电气	美国陆军
RUR-4	阿尔法武器	海军军械检测站	美国海军
RUR-5	ASROC反潜火箭	霍尼韦尔	美国海军
MER-6	蓝色守望者ERCS应急火箭通信系统	福特	美国空军
ADR-7	没有	雷神Raytheon	美国空军
ADR-8	没有	特拉科Tracor	美国空军
ADR-9	没有	特拉科	美国空军
ADR-10	没有	雷神	美国空军
ADR-11	没有	没有制造	美国空军
ADR-12	没有	没有制造	美国空军
MQR-13	BMTS弹道导弹靶箭系统	美国陆军导弹司令部	美国陆军
AGR-14	ZAP零防空潜力	马丁·玛丽埃塔	美国陆军
MTR-15	BATS弹道导弹靶标系统	美国陆军导弹司令部	美国陆军
MQR-16	大西洋研究院		美国陆军
FGR-17	通用动力		美国陆军
GTR-18	海军武器中心		美国陆军

附录1 根据1947年联合编号系统编号的导弹

在这个系统中，字母“M”的前两个字母指代导弹的发射位置和目标位置，例如：“A”表示“空射”和“S”表示指“地射”。“AAM”表示“空-空导弹”，“SAM”表示“地-空导弹”等等。美国海军后来用“U”表示“水下发射”。

非战斗测试导弹用“TV”（Test Vehicle）表示，而不是在字母“M”前加表示测试的字样。此外，“M”表示“控制”，“L”表示“发射”，“P”表示“推进”，“R”表示“研究”。

通常在最终被用于战斗的导弹的前面加字母“X”表示该导弹为“实验品”，加字母“Y”表示该导弹为“测试品”。

在名称中，两个连接符之间的字母代表服务对象：“A”表示“空军”，“N”表示“海军”，“G”表示“陆军”，其中陆军只有陆基导弹。

下表列出了1947—1955年间服役于陆军的导弹和1947—1951年间服役于空军的导弹。

AAM-A-1“黄鹂”	RTV-A-4“百舌鸟”	SAM-A-19“柏拉图”	SAM-A-27“警长”
AAM-A-2“猎鹰”	RYV-A-5	SAM-A-25“奈基·大力神”	SAM-G-8“赫尔墨斯”A-3A
ASM-A-1 TARZON	RTV-G-1 WAC“下士”	SAM-G-7“奈基·阿基克斯”	SAM-G-9“赫尔墨斯”B-2
ASM-1-2“恶棍”	RTV-G-10“赫尔墨斯”A-2	SAM-A-1“斗牛士”	SAM-G-12“马丁·长曲棍球”
CTV-G-5“赫尔墨斯”A-1	RTV-G-2“下士”E	SAM-A-2“纳瓦霍”	SAM-G-13“赫尔墨斯”A-2
LTV-A-1“幼蚁蛉”	RTV-G-3“赫尔墨斯”II	SAM-A-3“蛇鲨”	SAM-G-14“红石”
PTV-A-1	RTV-G-4“缓冲器”	SAM-A-4“纳瓦霍”II	SAM-G-15“赫尔墨斯”A-1
RTV-A-1	RTV-G-6“赫尔墨斯”B-1	SAM-A-5“圆柱”	SAM-G-16“赫尔墨斯”A-3B
RTV-A-2 HIROC	SAM-A-1 GAPA	SAM-A-6“纳瓦霍”III	SAM-G-17“下士”
RTV-A-3 NATIV	SAM-A-18“鹰”	SAM-A-23“标枪”	

下表中列出了1947—1963年间服役于海军的导弹。

AAM-N-2“麻雀”I	ASM-N-8“乌鸦座”	SAM-N-4“金牛座”	PTV-N-2“蛇发女妖”IV
AAM-N-3“麻雀”II	ASM-N-10“百舌鸟”	SSM-N-6“猎户座”β	PTV-N-4“大黄蜂”BTV
AAM-N-4“金莺”	ASM-N-11“秃鹰”	SSM-N-8“雷古拉斯”	RTV-N-2“石像怪”
AAM-N-5“流星”	AUM-N-2“海燕”	SAM-N-9“长曲棍球”	RTV-N-4“蛇发女妖”IIIA
AAM-N-6“麻雀”III	AUM-N-4“潜水者”	SSM-N-9“雷古拉斯”II	RTV-N-6“大黄蜂”XPM
AAM-N-7“响尾蛇”	AUM-N-6“海雀”	SUM-N-2	RTV-N-8高空探测火箭
AAM-N-9“麻雀”X	SAM-N-2“云雀”	CTV-N-2“蛇发女妖”IIC	RTV-N-10高空探测火箭
AAM-N-10“鹰”	SAM-N-4“云雀”	CTV-N-4“蛇发女妖”IIA	RTV-N-12“海盗”
AAM-N-11“不死鸟”	SAM-N-6“黄铜骑士”	CTV-N-6“蛇发女妖”IIIA	RTV-N-13高空探测火箭150
ASM-N-2“蝙蝠”	SAM-N-7“小猎犬”	CTV-N-8“大黄蜂”STV	RTV-N-15“双子座”
ASM-N-4“鸽子”	SAM-N-8“宙斯”	CTV-N-9“云雀”	RTV-N-16“金莺”
ASM-N-5“蛇发女妖”V	SAM-N-8“台风”LR	CTV-N-10“百灵鸟”	
ASM-N-6“奥马尔”	SAM-N-9“台风”MR	LTV-N-2“潜鸟”	
ASM-N-7“小斗犬”	SSM-N-2“海神”	LTV-N-4 NOTS	

附录2 1951年和1955年的美国空军导弹编号

美国空军在1951年对其飞行器的编号系统中，“B”表示“轰炸机”，“F”表示“战斗机”，“X”表示“实验品”。

而在1955年编号系统中，美国空军将其修改为如下指代方式：

GAM：空射制导导弹

GAR：空射制导火箭

IM：拦截导弹

RM：研究型导弹

SM：战略导弹

TM：战术导弹

下表给出了一些导弹的名称及其在1951年、1955年和1963年编号系统中的编号。

在1951—1963年的编号系统中，“B”代表轰炸机

名称	1951	1955	1963
斗牛士	B-61	TM-61	MGM-1
蛇鲨	B-62	SM-62	
恶棍	B-63	GAM-63	
纳瓦霍	B-64	SM-64	
宇宙神	B-65	SM-65	CGM-16/HGM-16
弩	B-67	GAM-67	
大力神	B-68	SM-68	HGM-25/LGM-25
波马克	F-99	IM-69	CIM-10
黄铜骑士	IM-70	RIM-8	
公鸭	GAM-71		
鹌鹑	GAM-72	ADM-20	
公鹅	SM-73		
	XSM-74		
雷神	SM-75	PGM-17	
权杖	TM-76	MGM-13	
猎犬	GAM-77	AGM-28	
木星	SM-78	PGM-19	
怀特兰斯	GAM-79		
民兵	SM-80	AGM-28	
阿金纳	RM-81		
洛基标枪	RM-82		
小斗牛士	GAM-83	AGM-12	
高空探测火箭	RM-84		
奈基·后裔	RM-85		
埃克瑟斯	RM-86		
空中闪电	GAM-87	AGM-48	
拉克森德	SRM-88		
蓝色守望者I	RM-89		
蓝色守望者II	RM-90		
蓝色守望者初级	RM-91		
蓝色守望者初级	RM-92		

美国空军的其他导弹（1951—1963）

名称	1951	1955	1963
精灵	GRA-1		
猎鹰	F-98		AIM-4
猎鹰	GAR-9	AIM-47	
猎鹰	GAR-11	AIM-26	
波马克	F-99	IM-99	CIM-10
	X-7		
高空探测火箭	X-8		
百舌鸟	X-9		
	X-10		
	X-11		
	X-12		
	X-17		
响尾蛇	GAR-8	AIM-9	

附录3 1947年、1951年和1955年的美国陆军导弹编号

1955年，美国陆军用一个更能适应其武器系统的编号系统取代了1947年制定的编号系统。在1955年的编号系统中，数字前面的字母“M”是一个军械指示符，意为制导炮射导弹的“模型”，而不是“导弹”。

在1963年，美国陆军对其非制导火箭弹和导弹的编号系统中，字母“M”是一个军械指示符，它指代的是“模型”而不是“导弹”。1963年，联合火箭弹编号系统出台，下面列举的火箭弹的编号就是依据该系统。

下表给出了一些导弹的名称及其在1947年、1955年和1963年编号系统中的编号。

名称	1951	1955	1963
奈基·阿基克斯	ASM-G-7	M1	MIM-3
下士	RTV-G-17	M2	MGM-5
鹰	SAM-A-18	M3	MIM-23
长曲棍球	SAM-G-12	M4	MGM-18
奈基 大力士	SAM-G-25	M6	MIM-14
红石	SAM-G-14	M8	PGM-11
红石		M9	PTM-11
标枪		M13	MGM-51
潘兴		M14	MGM-31
中士		M15	MGM-29
鹰		M16	MTM-29
鹰		M18	MTM-31
潘兴		M19	MTM-31
反坦克“超级火箭篇”		M28	没有
红眼		M41	FIM-43
龙		M47	FGM-77
化学火箭		M55	M55
轻型反坦克武器		M72	M72
燃烧火箭弹		M74	M74

名称	1963年前	1963年后
诚实的约翰	M31	MGR-1
小约翰	M47	MGR-3

附录4　标准系列导弹列表

美国海军的“标准”系列导弹每个都有　“SM”（Standard Missile），这些导弹在本自己的编号。此清单中，在其编号之前都加有　书在正文中均有介绍。

标准SM-1MR	RIM-66
标准SM-1ER	RIM-67
标准SM-2MR	RIM-66
标准SM-2ER	RIM-67和RIM-156
标准反雷达导弹（ARM）	AGM-78（基于RIM-66）
标准SM-3	RIM-161
标准SM-4	RIM-165 LASM
标准SM-6	RIM-174标准ERAM

附录5　缩略语

先进空-空导弹　AAAM（Advanced Air-to-Air Missile）
空-空导弹　AAM（Air-to-Air Missile）
先进反辐射导弹　AARGM（Advanced Anti Radiation Guided Missile）
反弹道导弹　ABM（Anti-Ballistic Missile）
宙斯盾作战系统　ACS（Aegis Combat System）
空-地导弹　AGM（Air-to-Ground Missile）
空中拦截导弹　AIM（Air Intercept Missile）
空中拦截导弹评估　AIMVAL（Air Intercept Missile Evaluation）
空中拦截火箭　AIR（Air Intercept Rocket）
空射巡航导弹　ALCM（Air-Launched Cruise Missile）
先进中程空-空导弹　AMRAAM（Advanced Medium Range Air-to-Air Missile）
约翰·霍普金斯大学应用物理实验室　APL（Applied Physics Laboratory at Johns Hopkins University）
反辐射（反雷达）导弹　ARM（Anti-Radiation（Anti-Radar） Missile）
空-地导弹　ASM（Air-to-Surface Missile）
先进短程空-空导弹　ASRAAM（Advanced Short-Range Air-to-Air Missile）
反潜火箭　ASROC（Anti-Submarine Rocket）
陆军战术导弹系统　ATACMS（Army Tactical Missile System）

先进技术演示 ATD (Advanced Technology Demonstration)
空对潜导弹 AUM (Air-to-Underwater Missile)
英国航空航天公司 BAe (British Aerospace)
多发射台面空攻击导弹 BGM (Multiple launch platform surface attack missile)
炸弹或未引爆装置 BLU (Bomb, Live Unit)
弹道导弹防御 BMD (Ballistic Missile Defense)
弹道导弹防御系统 BMDS (Ballistic Missile Defense System)
亚音速靶机(可回收) BQM [Subsonic Target (recoverable)]
弹道试验车 BTV (Ballistic Test Vehicle)
常规空射巡航导弹 CALCM (Conventional Air-Launched Cruise Missile)
井下发射拦截导弹 CIM (Coffin Based Interceptor Missile)
紧凑型动能导弹 CKEM (Compact Kinetic Energy Missile)
低空互补武器系统 CLAWS (Complementary Low-Altitude Weapon System)
通用模块化导弹 CMM (Common Modular Missile)
国防高级研究计划局 DARPA (Defense Advanced Research Projects Agency)
增强型光纤制导导弹 EFOGM (Enhanced Fiber Optic Guided Missile)
大气层外拦截器 EKV (Exoatmospheric Kill Vehicle)
增程型防空导弹 ERAM (Extended Range Anti-Air Warfare Missile)
紧急火箭通信系统 ERCS (Emergency Rocket Communications System)
扩展的数据链路 ERDL (Extended Range Data Link)
外大气层再入拦截系统 ERIS (Exoatmospheric Reentry Interceptor Subsystem)
前线区域防空 FAAD (Forward Area Air Defense)
舰载弹道导弹 FBM (Fleet Ballistic Missile)
折翼航空火箭 FFAR (Folding-Fin Aircraft Rocket)
肩扛拦截导弹 FIM (Shoulder-fired [Air] Intercept Missile)
前视红外 FLIR (Forward-Looking Infrared)
光纤陀螺或制导 FOG (Fiber Optic Gyro, or Guided)
光纤制导导弹 FOG-M (Fiber Optic Guided Missile)
机载制导导弹 GAM (Guided Aircraft Missile)
机载火箭 GAR (Guided Aircraft Rocket)
陆基拦截器 GBI (Ground-Based Interceptor)
制导炸弹装置 GBU (Guided Bomb Unit)
陆基巡航导弹 GLCM (Ground-Launched Cruise Missile)
陆基中段防御 GMD (Ground-based Midcourse Defense)
全球定位系统 GPS (Global Positioning System)
高速反辐射(雷达)导弹 HARM [High Speed Anti-Radiation (Anti-Radar) Missile]
高速反坦克导弹 HATM (Hypervelocity Anti-Tank Missile)

高爆　HE (High Explosive)
高爆反坦克弹　HEAT (High Explosive-AntiTank)
高爆燃烧弹　HEI (High Explosive-Incendiary)
高能激光　HEL (High Energy Laser)
高机动性炮兵火箭系统　HIMARS (High Mobility Artillery Rocket System)
归航叠加实验　HOE (Homing Overlay Experiment)
反装甲高速导弹　HVM [HyperVelocity Missile (anti-armor)]
洲际弹道导弹　ICBM (Intercontinental Ballistic Missile)
惯性导航系统　INS (Inertial Navigation System)
初始作战能力　IOC (Initial Operational Capability)
中程弹道导弹　IRBM (Intermediate Range Ballistic Missile)
联合空-地导弹　JAGM (Joint Air-to-Ground Missile)
联合空-地防区外导弹　JASSM (Joint Air-to-Surface Standoff Missile)
联合通用导弹　JCM (Joint Common Missile)
联合直接攻击弹药　JDAM (Joint Direct-Attack Munition)
联合防区外攻击导弹　JSAM (Joint Standoff Attack Missile)
联合防区外空地导弹　JSASM (Joint Standoff Air-to-Surface Missile)
联合防区外武器　JSOW (Joint Stand-Off Weapon)
动能导弹　KEM (Kinetic Energy Missile)
对地攻击标准导弹　LASM (Land Attack Standard Missile)
轻型反坦克武器　LAW (Light Anti-tank Weapon)
大气层外轻型弹　LEAP (Lightweight Exo-Atmospheric Projectile)
井下发射电子导弹　LEM (Silo-Launched Electronics Missile)
激光制导炸弹　LGB (Laser Guided Bomb)
井下发射战略弹道导弹　LGM (Silo-launched Strategic Ballistic Missile)
微光电视　LLTV (Low-Light Television)
低成本自主攻击系统　LOCAAS (Low-Cost Autonomous Attack System)
可视反坦克导弹　LOSAT (Line-of-Sight Anti-Tank (missile))
马特拉BAe动力公司　MBDA (Matra-BAe Dynamics-Alenia)
导弹防御局　MDA (Missile Defense Agency)
导弹设计系列　MDS (Mission Design Series)
扩展中程防空系统　MEADS (Medium Extended Air Defense System)
可移动制导导弹　MGM (Mobile Guided Missile)
可移动拦截导弹（防空导弹）　MIM [Mobile Intercept Missile (SAM)]
多目标再入弹头　MIRV (Multiple Independently-targetable Reentry Vehicle)
多管火箭发射系统　MLRS (Multiple Launch Rocket System)
地面发射靶机　MQM (Ground-launched target drone)
中程弹道导弹　MRBM (Medium Range Ballistic Missile)

多级超音速靶机　MSST（Multi-Stage Supersonic Target）

国家导弹防御　NMB（National Missile Defense）

爱国者先进能力　PAC（Patriot Advanced Capability）

柔性发射导弹　PGM（Soft Pad Launched Missile）

滚转导弹（防空导弹）　RAM［Rolling Airframe Missile（SAM）］

舰射山姆　RGM（Ship-launched SAM）

舰射雷达拦截导弹　RIM（Ship-launched Radar Intercept Missile）

遥控车　RPV（Remotely Piloted Vehicle）

火箭试验车　RTV（Rocket Test Vehicle）

地-空导弹　SAM（Surface-to-Air Missile）

地-地导弹　SAM（Surface-to-Surface Missile）

固体燃料姿态控制系统　SDACS（Solid-fuel Divert and Attitude Control System）

系统发展和演示　SDD（System Development and Demonstration）

战略防御计划　SDI（Strategic Defense Initiative）

战略防御计划办公室　SDIO（Strategic Defense Initiative Office）

防区外攻击导弹　SLAM（Standoff Land Attack Missile）

防区外对地攻击应答式导弹　SLAM-ER（Standoff Land Attack Missile Expanded Response）

地射先进中程空空导弹　SLAMRAAM（Surface-Launched AMRAAM）

低空超音速靶机　SLAT（Supersonic Low Altitude Target）

潜射弹道导弹　SLBM［Submarine-Launched（or Sea-Launched） Ballistic Missile］

潜射巡航导弹　SLCM［Submarine-Launched（or Sea-Launched） Cruise Missile］

短程攻击导弹　SRAM（Short-Range Attack Missile）

超音速掠海靶机　SSST（Supersonic Sea-Skimming Target）

潜射战术导弹　STAM（Submarine Tactical Missile）

潜射反舰武器系统　STAWS（Submarine Anti-ship Weapon System）

潜射火箭弹　SUBROC（Submarine Rocket）

战术空射诱饵　TALD（Tactical Air-Launched Decoy）

无人机系统战术消耗品　TEDS（Tactical Expendable Drone System）

末段高空防御系统　THAAD［Terminal High Altitude Area Defense（1987-2004）］

战区高空区域防御　THAAD［Theater High Altitude Area Defense（since 2004）］

战斧地-地导弹　TLAM［Tomahawk Land Attack Missile（BGM-109）］

筒式发射、光学跟踪、线联制导　TOW（Tube-launched，Optically-tracked，Wire data link）

三军防区外攻击导弹　TSSAM（Tri-Service Standoff Attack Missile）

无人空中系统　UAS（Unmanned Aerial System）

无人机　UAV（Unmanned Aerial Vehicle）

潜射面空导弹　UGM（Submarine-launched surface-to-air missile）

美国空军　USAAF（US Army Air Forces）

垂直发射系统　VLS（Vertical Launching System）